LA
LOI DES PETITS NOMBRES

LE LECTEUR

QUI NE S'INTÉRESSE QU'A LA PRATIQUE DU JEU

PEUT LIRE SEULEMENT L'INSTRUCTION PLACÉE A LA SUITE

DU TABLEAU THÉORIQUE (PAGE 60).

LA

LOI DES PETITS NOMBRES

RECHERCHES

SUR LE

sens de l'écart probable dans les chances simples

A LA ROULETTE, AU TRENTE-ET-QUARANTE, etc.

EN GÉNÉRAL

dans les phénomènes dépendant de causes

PUREMENT ACCIDENTELLES

PAR

M. CHARLES HENRY

PARIS IIIe
LABORATOIRE D'ENERGÉTIQUE D'ERNEST SOLVAY
13, RUE DES MINIMES

1908

AVANT-PROPOS.

Je me suis posé le problème suivant : Est-il possible de prévoir, à la roulette, des séquences, si fragmentaires qu'elles soient, au moins de signes d'écarts, les arrivées des événements se conformant finalement d'ailleurs à la loi des grands nombres? En deux mots, existe-t-il une *loi des petits nombres?*

Entre les mains de la Société fermière de Monte-Carlo, la roulette est un merveilleux instrument de précision, avec lequel elle exécute chaque jour — aux frais du joueur — une gigantesque expérience de hasard. C'est pourquoi j'ai choisi la roulette. Les causes qui déterminent l'arrivée de la noire ou de la rouge sont du même ordre que beaucoup de causes d'un intérêt scientifique puissant, comme les causes sociologiques. Elles sont de la même nature pour qui admet, avec Ernest Solvay, l' « énergétisme universel ».

Veut-on une preuve directe de l'identité de ces causes?

Les oscillations des valeurs en Bourse représentent évidemment, quand il ne survient pas d'événement politique ou économique, des appréciations absolument subjectives d'une collectivité sociale ; ce sont des phénomènes purement sociologiques. Or, dans de certaines limites, ces appréciations suivent approximativement alors, dans leurs écarts (à partir d'origines convenablement choisies et étant admise la proportionnalité des temps à des nombres d'épreuves), la loi des écarts à la roulette : *les variations sont proportionnelles à la racine carrée du temps* (Jules Regnault) : si, pour un mois, la différence est x, pour deux mois, elle ne sera pas $2x$, mais $x\sqrt{2}$. Voici, au hasard, un exemple pour le 3 p. c. français :

DIFFÉRENCE entre le 1er janvier 1906 et le :	Observée.	Calculée.
31 janvier 1906	— 0,08	
28 février	+ 0,14	0,11
31 mars	— 0,08	0,13
2 avril	+ 0,14	0,13
30 avril.	+ 0,28	0,16

Il n'en est plus de même dès qu'il survient un *événement*, favorable ou non ; on constate alors une marche systématiquement ascendante ou descendante des oscillations (1). C'est exactement ce qui se

(1) Pour le 3 p. c. en question, une marche descendante a commencé à la chute du ministère Rouvier, à cause du projet de loi de l'impôt sur le revenu, qui fit partie du programme Sarrien et Clemenceau. La rente 3 p. c. française, qui marquait le 7 mars 1906, au moment de la chute de M. Rouvier, 99,55, marque au mois de juillet de la même année 96,02 ; le samedi 13 juillet 1907, elle marquait 95,25, et le vendredi 8 novembre, 94,50.

passerait sur la roulette « truquée » d'un tripot.

La « loi des petits nombres » est une série de lois d'évolution idéale d'une particule non perturbée par des actions antérieures. Pour vérifier cette loi, il faut donc toujours s'assurer que le milieu n'est pas trop éloigné d'un état que l'on puisse considérer comme initial (du moins, initial pour une période). En conséquence, j'ai cherché à étudier les oscillations par quinzaine de différentes valeurs de Bourse à partir de leur admission à la cote officielle de Paris : mais l'on constate bien vite l'existence de suites de signes d'écarts identiques, indices évidents, en l'espèce, d'influences systématiques (1). Dans ces conditions, la loi n'est pas applicable : elle n'en sera pas moins sociologique dans la mesure où elle est vérifiée par la roulette, car tout problème sociologique, *scientifiquement posé*, aboutit, quelle que soit la recherche préconisée, à un problème de statistique ou de probabilités.

---

(1) Exemples (les signes représentent les sens des variations consécutives) :

	1	2	3	4	5	6	7	8	9	10	11	12	13	14	15	16	17	18
Brésil 4 1/2 p. c., 1888 28 sept. 1888.	−	−	+	+	+	+	+	−	+	+	+	−	−	+	+	−	+	−
Brésil 4 1/2 p. c., 1883. 28 janv. 1889.	+	+	o	+	+	+	+	+	+	−	+	−	+	+	+	o	+	−
Brésil 4 p. c., 1889 . . 9 déc. 1889.	+	−	+	−	+	+	+	−	−	+	+	+	−	−	−	−	−	+
Serbe 4 p. c., 1895 . . 17 avril 1896.	−	+	−	−	−	+	−	+	−	−	−	−	+	+	+	+		
Brésil 5 p. c., 1898 . . 1 fév. 1899.	−	−	+	−	−	+	−	−	−	+	−	+	−	−	o	−	−	+
Serbe 5 p. c., or des Monopoles, 28 fév. 1903.	+	−	−	−	+	−	−	+	−	−	−	−	−	+	+	+	+	−

« Faire de la sociologie, dit E. Waxweiler, c'est soumettre à l'observation et à l'expérience des manifestations particulières de la sensibilité physique de l'être vivant (1). »

Nous connaissons par la psycho-physique la loi de sensibilité normale d'un sujet pour un excitant i; nous pouvons expliciter en nombres

$$(1) \qquad S = \varphi(i).$$

La conclusion de Waxweiler revient à proposer d'étudier les variations de cette loi sous l'influence des facteurs sociologiques $\alpha, \beta, \gamma, \delta \ldots$ et de déterminer

$$S = \varphi(i, \alpha, \beta, \gamma, \delta \ldots).$$

Il va sans dire que $S = \varphi(i)$ n'est déterminable que dans des conditions absolument idéales, au laboratoire, avec les précautions les plus minutieuses. Déjà, dans ce cas relativement simple, on est forcé de calculer des moyennes avec les méthodes statistiques les plus raffinées.

Admettons que dans un milieu *réel* la fonction (1) prenne une certaine allure moyenne

$$S = \psi(i)$$

pour un individu déterminé. Il est certain que ce ne

(1) *Esquisse d'une sociologie*, pp. 274 et 275.

sont pas les facteurs α, β, γ, δ qui influeront sensiblement sur les écarts de $\psi(i)$ par rapport à l'allure moyenne. Ces facteurs seront noyés dans l'infinité des causes perturbatrices : il sera encore impossible de les dénombrer et à fortiori de les distinguer.

La recherche devient moins illusoire si on ne se pose plus le problème de déterminer $S = \psi(i)$ pour un individu, mais pour un très grand nombre d'individus : on arrivera ainsi à définir un type de sensibilité moyenne et des variations, effectivement caractéristiques du milieu physique, ethnique, sociologique, etc., dans lequel évoluent ces individus; par la critique des documents statistiques, on aura des chances de pouvoir au moins dénombrer les facteurs α, β, γ, δ. Pour pouvoir les distinguer, il faudra *expérimenter*, recommencer dans un grand nombre de milieux différents, caractérisés séparément chacun par une prépondérance d'un de ces facteurs α, β, γ, δ, les statistiques précédentes : la comparaison des paramètres des équations de ces ensembles donnera une idée de l'influence de chacun de ces facteurs sur la sensibilité : cette influence servira à les mesurer. On aura fait alors un peu de sociologie scientifique, dans le sens de Waxweiler.

Au lieu de la sensibilité, on pourrait adopter une tout autre variable : la méthode statistique s'imposerait pour les mêmes raisons; et l'on ferait encore de la sociologie. Il ne peut y avoir de discussion que sur le choix de la variable.

Réciproquement, toute application sociologique implique la solution d'un problème de statistique. En effet, que visent les applications, c'est-à-dire les lois politiques? Ce n'est ni vous, ni moi. C'est, comme le dit Ernest Solvay, l'homme moyen (1) : il faut donc calculer cet homme moyen dans un ensemble dont l'homogénéité aura été vérifiée. Les lois sont faites pour les grands nombres; les plus justes, les plus énergétiquement justes blesseront toujours l'individu par quelque endroit, — talon d'Achille particulièrement sensible parfois, d'où la personnalité anarchiste.

Dans un grand nombre de répartitions statistiques (tailles d'individus, températures, etc.), tout se passe comme si la Nature jouait sur une des chances de la roulette l'unité de mesure de l'objet ou encore comme si elle ne réalisait une certaine mesure moyenne qu'au prix d'un grand nombre d'erreurs accidentelles. Dans cet immense domaine, étranger jusqu'ici à la notion de temps, il y a pour

(1) « But fondamental : Amélioration progressive, continue et indéfinie du bien-être de l'*homme universel moyen*, sans jamais entraver la production intégrale existante. » (ERNEST SOLVAY, *Principes de politique sociale* dans *Notes sur le productivisme et le comptabilisme*, Bruxelles, 1900, p. 51.)

une loi des petits nombres une inépuisable richesse de vérifications à tenter.

Je n'ai pas l'outrecuidance d'estimer que le joint énergétique et psycho-physique par lequel j'ai cherché à saisir le problème soit le seul possible et je ne me dissimule pas que des développements beaucoup plus étendus seraient nécessaires; peu de personnes ont médité sur la psycho-physique. Je compte d'ailleurs revenir prochainement sur la notion de « nombre remarquable ».

Beaucoup de ces esprits distingués qui s'acquittent parfois avec bonheur dans les sphères intellectuelles de la fonction, sans doute salutaire, qui est dévolue à l'inertie et à la viscosité dans d'autres milieux, jugeront que la recherche est chimérique. Tel n'était pas l'avis de Hiram S. Maxim quand il demandait des statistiques en vue de l'éclaircissement de notre problème (1); le sentiment d'un de ces hommes qui allient à la pratique de la pensée spéculative le culte de l'action la plus décisive et la plus immédiate n'est pas à dédaigner.

Je n'estimerai pas ma peine perdue si je convaincs le lecteur que le problème est un problème scienti-

---

(1) *The New-York Herald*, 27 janvier 1903. — Cf. les numéros des 15 janvier, 13, 20 et 25 février.

fique et je ne regretterai pas les rebutants calculs (rebutants parce que longs et relativements faciles) dont ce mémoire ne donne qu'une idée très imparfaite. J'étudierai avec reconnaissance toutes les statistiques *authentiques* que l'on voudra bien me communiquer.

LA LOI DES PETITS NOMBRES.

I

La roulette et les probabilités.

Est-il possible de prévoir quelque loi de séquence, plus ou moins fragmentaire, dans des phénomènes fortuits comme les arrivées de la rouge et de la noire à la roulette ?

Le mathématicien répond : Non.

Nous allons brièvement rappeler pourquoi et montrer que le caractère abstrait des principes et le caractère limite des lois de probabilités impliquent, en même temps que la vanité de tout système qui se réclamerait de la mathématique, la ruine infaillible du joueur.

Tous les problèmes de probabilités gravitent autour de deux questions :

1° La loi de répartition statistique des événements fortuits, que l'on appelle quelquefois *loi binomiale* ou *loi de probabilités* ;

2° La relation qui relie aux nombres des épreuves l'écart entre le nombre d'arrivées d'un événement et la probabilité de cet événement multipliée par le nombre d'épreuves : cet écart tend vers l'infini de la même manière que la racine carrée du nombre des épreuves, de sorte que, rapporté au nombre d'épreuves, cet écart, devenu relatif, tend vers zéro, quand le nombre des épreuves augmente indéfiniment; c'est le *théorème de Bernoulli.*

Etant donnés deux événements contraires P et Q : soit p la probabilité de l'événement P et q celle de l'événement Q. L'arrivée de l'événement P, μ fois de suite, est un événement composé dont la probabilité est p^μ. Cherchons la probabilité que sur μ épreuves l'événement Q se présente m fois et l'événement P, $\mu - m$ fois.

Si l'ordre dans lequel doivent se suivre les événements P et Q était assigné, par exemple P se produisant d'abord $\mu - m$ fois et ensuite Q, m fois, la probabilité cherchée serait $p^{\mu-m}q^m$.

Mais on peut assigner un nombre C_μ^m d'ordres distincts égal au nombre de manières de prélever m objets sur μ objets donnés ou au nombre de combinaisons de μ objets pris m à m. Ce nombre est

$$C_\mu^m = \frac{\mu(\mu-1)(\mu-2)\,\ldots\ldots\,(\mu-m+1)}{1.2.3.\ldots\ldots m}.$$

La probabilité cherchée est donc $C_\mu^{\mu-m}p^{\mu-m}q^m$.

Si, dans ces conditions, on développe le binôme $(p+q)^\mu$ on obtient :

$$(p+q)^\mu = p^\mu + C_\mu^1 p^{\mu-1}q + C_\mu^2 p^{\mu-2}q^2 + \ldots\ldots$$

Le premier terme de ce développement représente

la probabilité de voir l'événement P se produire seul, le deuxième, de voir Q se produire une fois, etc., le $m + 1^{\text{ème}}$, de voir Q se produire m fois et P, $\mu - m$ fois.

Dans un cas assez fréquent, par exemple, au jeu de *pile* et *face*, la probabilité de l'événement P est égale à la probabilité de l'événement Q et, si on désigne par 1 la certitude, on a

$$p = q = \frac{1}{2}.$$

Dans ce cas, le développement précédent devient le développement de

$$\left(\frac{1}{2}\right)^{\mu} (1+1)^{\mu}.$$

La probabilité la plus grande est donnée par le plus grand des coefficients du développement. Si μ est pair, ce coefficient est le terme du milieu; si μ est impair, ce sont les deux termes du milieu qui ont la plus grande valeur.

Exemple : Si $\mu = 5$, on a

$$(p+q)^5 = p^5 + 5p^4q + 10p^3q^2 + 10p^2q^3 + 5pq^4 + q^5.$$

Il y a 10 chances sur 32 pour que *pile* ou *face* arrive l'une ou l'autre 3 fois sur 5 coups, 5 chances pour 4 arrivées de *pile* et 1 de *face* ou inversement, 1 chance pour 5 arrivées de *pile* ou 5 de *face*.

Les probabilités sont respectivement, dans le premier cas $\frac{10}{32}$, dans le deuxième $\frac{5}{32}$, dans le troisième $\frac{1}{32}$.

Comme μ est en général très grand, on peut le considérer comme pair.

Le nombre des séries qui comprennent $\frac{\mu}{2}$ *pile* et $\frac{\mu}{2}$ *face* est proportionnel à $C_{\mu}^{\frac{\mu}{2}}$: c'est le maximum. Le nombre de celles qui comptent $\frac{\mu}{2} + x$ *face* et $\frac{\mu}{2} - x$ *pile* est proportionnel au $x$ième terme du développement du binôme après ou avant le terme médian.

On peut se placer à un autre point de vue : exprimer *analytiquement* l'idée que l'on se fait couramment du hasard.

Considérons un ensemble d'un très grand nombre d'objets *comparables* entre eux et qui s'écartent plus ou moins d'un type moyen. Les causes de ces écarts sont petites, nombreuses, inconnues et agissent indifféremment dans un sens et dans l'autre. De là ces postulats :

1° La probabilité est la même pour les écarts positifs et négatifs par rapport à la moyenne;

2° Les écarts sont absolument indépendants les uns des autres;

3° Le type moyen est le plus commun ;

4° Les écarts sont indépendants du nombre d'objets qui les subissent et de la quantité mesurée.

On démontre (¹) que, ces principes posés, si l'on

---

(1) Voir notre *Mesure des capacités intellectuelle et énergétique*, Misch et Thron, éditeurs, Bruxelles, 1906, pp. 13 et suiv.

désigne par x un écart par rapport au type moyen et par y le nombre d'objets qui subissent cet écart, l'on a

$$y = \frac{Nh}{\sqrt{\pi}} e^{-h^2x^2},$$

N étant le nombre d'objets de l'ensemble, h, une constante qu'on appelle coefficient de précision et qui caractérise l'état de différenciation de l'ensemble, π, le rapport de la circonférence au diamètre ($\pi = 3,14159...$), e, la base des logarithmes népériens ($e = 2,71828...$).

On peut écrire encore cette expression sous la forme très simple

$$y = A \times B^{x^2},$$

A et B étant deux nombres positifs et $B < 1$.

De fait, cette équation s'est trouvée vérifiée chaque fois que l'on s'est trouvé en présence d'ensembles qui jouissent des propriétés énoncées, d'ensembles que nous avons appelés *irréductibles* car ils ne sont pas nécessairement homogènes (1).

Ainsi, l'on a trouvé pour la loi de répartition des erreurs d'observations dans 470 observations d'ascensions droites, faites par Bradley

$$y = 47,365 e^{-(1,764)^2 x^2};$$

(1) *Mesure des capacités*, p. 22.

pour la loi de répartition des écarts de balles sur une cible étudiée par le général Didion

$$y = 11{,}31\, e^{-(0{,}0369)^2 x^2}.$$

Dans le cas du jeu de *pile* et *face*, supposons que l'on ait un très grand nombre de séries d'épreuves $N = 2\mu$ (le nombre est supposé pair par simplification). De ces séries, celles qui comprendront μ *pile* et μ *face* seront les plus nombreuses. Si on désigne par x un nombre quelconque plus petit que μ, le nombre y de séries qui auront $\mu - x$ *pile* et $\mu + x$ *face* sera donné par la formule :

$$y = \frac{Nh}{\sqrt{\pi}} e^{-h^2 x^2},$$

h étant un nombre déterminé à l'aide d'une seule expérience.

Une question se pose : Nous venons de voir que ce nombre y est obtenu aussi à l'aide du développement du binôme : laquelle de ces deux formules est la plus exacte? C'est la première. La deuxième formule, due à Gauss, peut se déduire de la première à l'aide de la formule de Stirling :

$$1.2.3\ldots\ldots n = e^{-n} n^n \sqrt{2\pi n}.$$

Or cette formule n'est qu'approchée. Bien plus : quand n grandit, la différence entre les deux termes de l'égalité précédente grandit aussi; ce n'est que le rapport entre ces termes qui tend vers l'unité; mais ceci suffit dans les applications.

La première de ces formules est asymptotique; il va sans dire que la deuxième l'est davantage. De fait, elle n'est pas rigoureusement vérifiée à la roulette, même sur un très grand nombre de coups: mais, plus l'expérience a duré, meilleure est la concordance.

Nous avons pratiqué deux sondages dans les statistiques des arrivées de la rouge et de la noire à la roulette de Monte-Carlo, publiées par la *Gazette rose* de M. de Prévannes [1]. Considérant un grand nombre de séries de 37 coups consécutifs, nous avons compté le nombre de noires qui se trouvent dans chaque série. De là, les deux tableaux suivants: pour le premier, on a utilisé 39229 coups; pour le deuxième, 58053. Le zéro a été compté comme *noire*.

Nombres de noires	Tableaux n° 1.	Tableaux n° 2.	Nombres de noires	Tableaux n° 1.	Tableaux n° 2.
8	2	0	20	134	208
9	2	2	21	86	153
10	4	5	22	122	111
11	5	4	23	47	96
12	9	17	24	35	45
13	19	36	25	20	36
14	38	57	26	12	20
15	67	86	27	10	6
16	89	126	28	3	5
17	89	159	29	0	3
18	137	190	30	0	1
19	130	208			

(1) Nice, rue d'Autun, 11.

Le tableau n° 1, par exemple, indique que, dans les séries considérées, il n'y en a aucune qui ait moins de 8 noires, 2 qui ont 8 noires, 2 qui ont 9 noires, 4 qui ont 10 noires, etc.

Pour calculer ces lois de répartition statistique, il serait rigoureux, mais compliqué, d'appliquer la formule du binôme de Newton et de poser

$$(p+q)^{37}=p^{37}+C_{37}^{1}p^{36}q+\ldots\ldots$$
$$+C_{37}^{18}p^{19}q^{18}+C_{37}^{19}p^{18}q^{19}+\ldots\ldots+C_{37}^{36}pq^{36}+q^{37}.$$

Comme nous avons assimilé dans notre statistique le zéro à une noire, on a

$$p=\frac{19}{37}\qquad q=\frac{18}{37}.$$

La ligne brisée qui réunit les différentes ordonnées théoriques n'est pas complètement symétrique par rapport à la droite $x=18{,}5$: En effet, comme $p>q$, l'on a

$$C_{37}^{k}p^{37-k}q^{k}>C_{37}^{37-k}p^{k}q^{37-k}$$

si $$37-k>k,$$

c'est-à-dire si $$2k<37$$

ou $$k<\frac{37}{2}.$$

Pour démontrer l'inégalité précédente, on remarque qu'elle revient à

$$p^{37-2k}>q^{37-2k}$$

inégalité évidente, car $p > q$ et $37 - 2k > 0$.

Cette légère dissymétrie s'observe bien sur la courbe qui représente le tableau I, par exemple. Si l'on ajoute les nombres de séries qui ont moins de 19 noires, l'on trouve 461; et si l'on ajoute les nombres de séries qui ont plus de 18 noires (le maximum étant entre 18 et 19), l'on trouve 599. Nous avons donc interpolé chacune des portions des deux courbes, la portion droite et la portion gauche, par une équation choisie de façon que les deux portions se raccordent au point $x = 18,5$.

Voici les résultats obtenus :

Courbe du tableau I

Partie gauche

$$y = 139,5 \times 0,9362^{(x-18,5)^2}$$

x	8	9	10	11	12	13	14	15	16	17	18
y obs.	2	2	4	5	9	19	38	67	89	89	137
y calc.	0	0	1	4	9	19	37	62	92	123	137
écarts	−2	−2	−3	−1	0	0	−1	−5	+3	+34	0

Partie droite

$$y = 139,5 \times 0,9554^{(x-18,5)^2}$$

x	19	20	21	22	23	24	25	26	27	28
y obs.	130	134	86	122	47	35	20	12	10	3
y calc.	138	126	105	80	55	35	20	11	5	2
écarts	+8	−8	+19	−42	+8	0	0	−1	−5	−1

COURBE DU TABLEAU II

Partie gauche

$$y = 210{,}7 \times 0{,}9429^{(x-18,5)^2}$$

x	8	9	10	11	12	13	14	15	16	17	18
y obs.	0	2	5	4	17	36	57	86	126	159	190
y calc.	0	1	3	8	19	36	65	103	147	185	207
écarts	0	−1	−2	+4	+2	0	+8	+17	+21	+26	+17

Partie droite

$$y = 210{,}7 \times 0{,}9503^{(x-18,5)^2}$$

x	19	20	21	22	23	24	25	26	27	28	29
y obs.	208	208	153	111	96	45	36	20	6	5	3
y calc.	208	185	151	111	74	45	24	15	5	2	1
écarts	0	−23	−2	0	−22	0	−12	−5	−1	−3	−2

La concordance du calcul et de l'observation est meilleure sur 58053 coups que sur 39229 coups; elle n'est pas encore parfaite. Les formules, asymptotiques en elles-mêmes, ne sont vérifiées par l'expérience qu'à l'infini.

Cette remarque s'applique également aux questions qui dépendent du théorème de Bernoulli, lequel repose sur la formule de Stirling.

On démontre d'abord que la probabilité des deux événements P et Q étant p et q, la combinaison la plus probable est celle dans laquelle le nombre d'arrivées du premier événement est μp et celle du second μq. Cette probabilité maxima, qui est

$$\frac{1.2.3.\ldots.\mu}{1.2.3.\ldots.\mu p.\,1.2.3.\ldots.\mu q}p^{\mu p}q^{\mu q},$$

devient, à l'aide de la formule de Stirling

$$\frac{1}{\sqrt{2\pi\mu pq}}.$$

On considère comme valeur normale, le nombre d'arrivées dont la probabilité est maxima, c'est-à-dire μp dans le cas général, et on appelle *écart*, la différence entre le nombre d'arrivées le plus probable et le nombre d'arrivées réel à un moment donné. Si, par exemple, on a fait 1000 épreuves de *pile* ou *face*, et que *pile* se présente 509 fois, l'écart est 9, car le nombre d'arrivées le plus probable est 500.

L'écart probable, égal à $0,47693\sqrt{2\mu pq}$ ou encore à $\frac{0,47693\mu}{h}$, a la même probabilité d'être ou de ne pas être dépassé.

L'écart moyen, égal à $0,79789\sqrt{\mu pq}$ ou encore à $\frac{\mu}{h\sqrt{\pi}}$, est la valeur probable de l'écart.

Le rapport de l'écart probable à l'écart moyen est 0,8463 et ils sont l'un et l'autre, de même que h, proportionnels à la racine carrée du nombre des épreuves.

Par la façon même de les démontrer, on voit

que ces formules seront d'autant plus exactes que le nombre des épreuves sera plus grand (1). Le joueur n'a donc à attendre de ces formules aucune direction : il ne peut puiser dans le théorème de Bernoulli, que la certitude éminemment morale de sa ruine inévitable. Joseph Bertrand écrit :

« Lorsque le jeu est équitable, la ruine tôt ou tard est certaine.

» La proposition semble contradictoire. En ruinant l'un des joueurs, le jeu enrichit l'autre ; en s'exposant à perdre une fortune, on a l'espoir de la doubler.

« Cela n'est pas douteux ; mais quand la fortune est doublée, le théorème s'y applique avec la même certitude ; elle peut doubler encore, centupler peut-être, tout sera emporté par un caprice du hasard. En combien de temps ? Nul ne le sait ; la probabilité augmente avec le nombre des parties et converge vers la certitude.

» Lorsque deux joueurs luttent constamment, l'un contre l'autre, quelles que soient leurs fortunes et les conditions équitables ou non, du jeu qu'ils renouvellent sans cesse, l'un d'eux finira par ruiner l'autre ; la probabilité, pour qu'ils puissent faire un nombre donné de parties, tend vers zéro quand ce nombre augmente. Lorsque deux joueurs font, en effet, un grand nombre de parties, la probabilité de la répartition la plus probable entre les parties gagnées et perdues par l'un d'eux tend vers zéro

---

(1) Voir dans l'*Appendice*, I (page 43), des démonstrations.

quand le nombre des parties augmente. Elle est inversement proportionnelle à la racine carrée du nombre des parties.

» Si la probabilité de la combinaison la plus probable tend vers zéro, il en est de même, à plus forte raison, de toute autre combinaison désignée, et par conséquent aussi d'un ensemble de combinaisons, quel qu'il soit, dont le nombre ne croîtrait pas indéfiniment avec le nombre des parties.

» Quelles que soient les mises des deux joueurs, on peut assigner une répartition des pertes et des gains telle que la compensation soit parfaite et que chaque joueur à la fin se retrouve avec sa fortune primitive. Si, prenant pour point de départ ce mode de répartition, on accroît le nombre des parties gagnées par l'un des joueurs, le gain sera pour lui, pour chaque partie gagnée de plus, et par conséquent pour chaque partie perdue de moins, égal à la somme des deux mises, et tout écart de cette répartition qui équilibre les pertes et les gains ruinera l'un ou l'autre joueur, si multiplié par la somme des mises, il donne un produit plus grand que la fortune du plus riche (1). »

Est-il nécessaire d'ajouter qu'en pratique, la situation du joueur est encore aggravée, si possible ? Il a contre lui, à la roulette de Monte-Carlo, par exemple :

1° Le zéro qui lui fait perdre le 1/37 de ses mises

(1) *Calcul des probabilités*, pp 105 et suiv.

dans le cas des chances multiples, le 1/74 dans le cas des chances simples (1);

2° Le capital pratiquement illimité de la Banque;

3° Le maximum de la mise (6000 francs sur une chance simple, $\frac{6000}{35} = 174$ fr. 28, pratiquement 180 francs sur un numéro plein, etc.), admirable instrument de défense de la Banque contre les joueurs de martingales à lois de croissance plus ou moins rapides.

(1) On entend par chances multiples les chances multiples de perdre; par exemple : si le ponte mise sur un numéro, il a 36 chances de perdre pour une de gagner ; s'il mise sur une couleur, il n'a qu'une chance de perdre, le zéro mis à part, et, quand le zéro sort, il ne perd que la moitié de sa mise.

II

La roulette et l'Énergétique.

Les principes du calcul de probabilités sont purs de toute compromission avec la réalité et les théorèmes ne s'appliquent qu'à la limite; il n'est donc pas étonnant qu'ils soient muets sur l'évolution possible de phénomènes fugaces et complexes pendant un temps fini. Mais, il y a plus, ces principes contredisent deux faits généraux de l'Energétique :

1° L'*inertie*, en vertu de laquelle tout phénomène énergétique présente une période d'établissement avant son état de régime et une période de persistance après la cessation de l'impulsion.

Cette inertie, visiblement due aux réactions du milieu électro-magnétique pour la masse électrique en mouvement, est vraisemblablement, dans tous les cas, suivant des points de vue récents, due aux réactions d'un milieu.

Dans un milieu réel, les écarts de vitesses qui se succèdent, au moins pendant un temps, ne sont pas indépendants entre eux, ni de la vitesse de la masse, si faibles et si complexes que soient les variations : c'est précisément le contre-pied des postulats de la loi de probabilités (1) ;

(1) Dans ce phénomène de l'inertie rentre le fait de la vitesse *toujours finie* et variable suivant les milieux, avec laquelle se propagent les ébranlements de la matière et de l'éther. Je ne puis

2° La *périodicité*, en vertu de laquelle un très grand nombre de phénomènes physiques et biologiques, après une évolution suivant des lois complexes, mais en principe calculables, se reproduisent au bout de temps plus ou moins longs et qui est la conséquence nécessaire des périodes astronomiques (périodes de la température, de la pression barométrique, de l'électricité atmosphérique, etc.).

Les phénomènes étudiés par la physico-chimie et la biologie sont, en général, irréversibles : leur état, à la fin d'une période, diffère de l'état initial. Dans le domaine des petites causes, il en est autrement. Par cela même que tous les phénomènes fortuits correspondent à des changements très petits dans des temps finis, ces changements, pour devenir notables, exigeraient un temps infini : ils sont donc réversibles; autrement dit, au bout d'une période ils reviennent à l'état initial; les causes qui provoquent l'arrivée d'un événement au détriment du contraire se reproduisant, la variation de l'écart relatif est périodiquement la même; c'est le contre-pied du théorème de Bernoulli.

Mais, par une réciproque justifiée en fait, ces points de vue énergétiques perdent toute importance au bout d'un grand nombre d'épreuves et les prin-

---

invoquer que des faits généraux, car le problème général de l'Energétique (déduire l'état futur d'un système matériel de l'état actuel, en tenant compte de toutes les transformations possibles de l'énergie) est à peine amorcé; la mécanique rationnelle, par le théorème de d'Alembert, ne résout le problème que pour les seules transformations de travail en force vive.

cipes du calcul des probabilités reprennent toute leur valeur. C'est donc à l'Energétique qu'il faut demander des lueurs sur notre problème.

Nous négligerons la *périodicité* qui, en raison même du nombre des épreuves qu'elle exigerait généralement pour être calculée, ne peut être d'aucune utilité pratique : nous en retiendrons seulement la notion d'un état initial périodiquement le même. Utilisant l'*inertie*, nous devons admettre qu'il n'y a pas, en général, de changement brusque dans le milieu. Notre problème est donc légitimé par l'Energétique; il est encore énergétique à un autre point de vue; mais il nous faut au préalable reprendre la notion de hasard.

III

Une caractéristique du hasard.

De doctes esprits ont disserté sur le hasard : mais il est une caractéristique des phénomènes fortuits à laquelle il ne me semble pas qu'ils aient prêté attention.

Je rencontre sur le boulevard un ami dans une foule compacte et bigarrée : je dis que c'est par *hasard*, certes parce que j'ignore les causes, petites et nombreuses, qui ont concouru à cette rencontre; mais je ne connais pas davantage les causes qui ont provoqué la rencontre des indifférents : et pourtant je ne parle pas de hasard pour cette foule : ces gens vont à leurs affaires ou à leur plaisir; l'explication me suffit. La notion de hasard est associée en l'espèce à un fait, intéressant *pour moi*, qui est mon ami.

Pour des foules ignorantes et superstitieuses une éclipse de soleil ou de lune est un effet du hasard, parce qu'elles en ignorent les causes, mais surtout parce que le phénomène est rare et remarquable.

Supposons que j'efface sur la roulette tous les numéros et toutes les divisions. Je la mets en branle et je lance la bille; la bille s'arrête après un certain nombre de ricochets en un point qui n'est ni rouge, ni noir, et je trouve cela tout naturel : je ne parle plus de hasard. Des variations petites des causes ont entraîné des variations *petites* de l'effet. A la roulette de Monte-Carlo, je parle de hasard, des variations petites des causes entraînant de plus ou moins grands effets; mais, cette grandeur des effets est une appréciation toute subjective.

Je fais tourner une toupie : par défaut de symétrie de la masse, par défaut de verticalité de l'axe, en raison de la moindre vibration et des aspérités du plan ou pour toute autre cause, elle s'incline d'un certain angle et tombe de ce côté. C'est là un phénomène fini et discontinu; c'est une *sensation remarquable*. Si l'axe avait été guidé de façon à ne pouvoir s'incliner que d'un arc négligeable, la toupie n'aurait pas tombé : son arrêt, à peine sensible après une longue période de ralentissement continu, m'aurait paru tout naturel et je n'y aurais pas vu de hasard.

Un phénomène fortuit est toujours une sensation remarquable, ou un complexe de sensations remarquables, agréables ou non, exprimable par des nombres entiers qui, la psycho-physique nous l'apprend, représentent des accroissements relatifs d'énergie (1).

Si l'on veut que les événements qui ne nous intéressent pas soient fortuits, c'est une affaire de vocabulaire; je répondrai alors que je ne m'occupe que des phénomènes fortuits intéressants, ceux que

(1) Voir notre note (*Comptes rendus*, 14 octobre 1907) et notre travail : *Psycho-physique, Energétique et Photométrie*. (Congrès de Reims de l'*Association française pour l'avancement des sciences*, 1907.)

l'on rencontre dans la théorie des erreurs, à la roulette, en sociologie, etc.

Si l'on me demande ce que peut être le caractère remarquable d'une sensation, je dirai qu'il peut se mesurer objectivement — au moins en principe — par une variation brusque et notable dans l'énergie des réflexes.

IV

Vues théoriques.

La particule animée de mouvements browniens (c'est-à-dire surtout de vibrations complexes sur place), que l'on observe dans une goutte de liquide sur le porte-objet du microscope, enregistre des actions que les théories cinétiques élucident aux lumières du calcul des probabilités. Ces théories s'appuient sur le théorème de Maxwell, d'après lequel, dans un système gazeux isolé, les vitesses des particules tendent à une répartition statistique conforme à la loi de probabilités. A la vérité, la démonstration de ce théorème présente des difficultés à peu près insurmontables; mais on peut le considérer comme vérifié *a posteriori* et par la concordance de ses conséquences avec les déductions d'autres théories bien établies.

Je plonge une de ces particules dans un milieu où *tout est accidentel* et je suppose qu'elle enregistre les variations de *toutes* les actions accidentelles par des variations de rapports d'amplitudes et de nombres de vibrations dans l'unité de temps: je substitue à des vibrations complexes des vibrations simples, arrêtant au premier terme le développement en série de Fourier de la fonction périodique. C'est ma première hypothèse.

Ma particule est animée de vibrations *en nombres quelconques*. On peut percevoir un rapport quelconque de vibrations $\frac{p}{q}$ pourvu que p et q diffèrent d'un « comma », variable d'ailleurs avec la hauteur, et l'on a pour les numéros d'ordre S de sensation

$$S = K (\log p - \log q).$$

Mais parmi tous ces S il en est de *remarquables* : ce sont ceux qui correspondent à des valeurs de $\frac{p}{q}$ qui peuvent faire partie d'une série bien connue, *l'échelle des quintes*, c'est-à-dire être mis sous la forme $\left(\frac{3}{2}\right)^n$, n étant un nombre entier positif ou négatif et les quotients étant divisés ou multipliés par 2 autant de fois qu'il est nécessaire pour que le résultat soit plus grand que 1 et plus petit que 2, c'est-à-dire pour que les intervalles soient ramenés à la même octave.

Je n'ai pas à discuter ici l'origine de cette unité de rapport : mais les quintes constituent des sensations remarquables dans le sens défini plus haut de variations de réflexes, puisque c'est sur elles qu'est fondée la mélodie musicale [1]. Je rétrécis donc singulièrement par ce choix nécessaire le champ disponible : en face d'une classe de S caractéris-

---

(1) La musique connaît d'autres intervalles que les quintes, différant de celles-ci d'un comma pythagorique ; mais ce fait ne prouve rien contre le caractère remarquable des quintes, ce comma représentant un intervalle de douze quintes. Dans tous les domaines de la sensibilité, les intervalles remarquables varient suivant que les sensations sont successives ou simultanées et dans un grand nombre de conditions.

tiques du milieu accidentel, j'ai une classe de σ fournie par ma particule enregistreuse.

Pratiquement, la tâche se simplifie aussi. Si l'on observe que ce qui nous intéresse, ce sont les différences de puissances, on voit qu'il suffit de calculer les puissances positives de $\left(\frac{3}{2}\right)$: en effet, on obtient les puissances négatives réduites à la même octave en multipliant par 2 les inverses des puissances positives. La différence de deux puissances négatives quelconques a donc le signe contraire de la différence des mêmes puissances positives. Une succession de signes de différences de puissances négatives est simplement symétrique de la succession des signes des puissances positives. Je peux donc ne considérer que les puissances positives $\left(\frac{3}{2}\right)^n$.

D'autre part, on peut démontrer que la valeur de $\left(\frac{3}{2}\right)^m$ étant trouvée pour $m = p$, par exemple

$$\left(\frac{3}{2}\right)^p : 2^q = A,$$

on a la valeur de $\left(\frac{3}{2}\right)^{p+12} : 2^{q'}$, en ajoutant à A le produit de A par 0,01367. Un groupe quelconque de douze intervalles constitue donc une période dont le premier et le dernier terme diffèrent peu : d'un comma (1). Nous donnons dans le n° II de

(1) On sait que le *tempérament* dans la théorie de la musique réduit à 12 le nombre des intervalles et considère comme équivalents un intervalle d'exposant $-n$ et un intervalle d'exposant $+n'$, si $n + n' = 12$.

l'*Appendice* une table des valeurs de ces intervalles de $n = 1$ à $n = 809$.

J'ignore, cela va sans dire, le nombre d'événements fortuits n du milieu qui correspond à A et la nature de la fonction

$$A = \varphi(n).$$

J'ignore la nature favorable ou défavorable de ces événements.

La même remarque s'applique à un autre rapport quelconque de vibrations A_1, en regard d'un nombre n_1, d'événements contraires et je puis écrire dans les mêmes conditions

$$A_1 = \psi(n_1).$$

Mais, ce que je sais, c'est le caractère positif ou négatif de $A - A_1$: je puis caractériser le signe d'un écart. Je puis calculer des lois de successions différentes de signes d'écarts en choisissant pour A et A_1 successivement, selon la série, des nombres distants de 1, ou de 2, ou de n numéros d'ordre; j'obtiens ainsi des lois d'évolution de plus en plus complexes.

En réalité, je n'ai pas choisi les A successifs. Exprimant ce *fait* que les rapports de vibrations dans la nature ne sont pas harmoniques, j'ai éliminé les A pour lesquels les exposants de $\left(\frac{3}{2}\right)$ sont de la forme 2^n, $2^n + 1$ (premier) $2^n \times (2^n + 1)$ (premier) $\times (2^p + 1)$ (premier) $\times \ldots$ c'est-à-dire des nombres que j'ai appelés *rythmiques* (1). Je n'ai conservé que les intervalles discordants. C'est ma seconde hypothèse.

A propos des nombres rythmiques, je dois observer que l'intervalle de quinte est remarquable aussi bien pour les rapports d'amplitudes que pour les rapports de nombres de vibrations, puisque les rapports des carrés d'amplitudes ou d'intensités influent différemment sur la sensibilité, suivant que l'exposant des rapports $\left(\frac{3}{2}\right)^n$ qui les expriment est rythmique ou non (2).

J'admets que les rapports de nombres de vibrations restent dans la même octave : c'est une manière d'exprimer la petitesse des variations (troisième hypothèse).

Voici donc comment a été calculé le *tableau théorique* (p. 59).

Désignant par A^n la valeur de

$$\left(\frac{3}{2}\right)^n : 2^q$$

calculée ainsi qu'il est dit (*Appendice*, II, p. 49),

---

(1) Je reviendrai prochainement sur ces nombres au point de vue de l'Energétique : j'ai insisté sur leur importance au point de vue de la physiologie des sensations dans : *Comptes rendus*, 7 janvier et 28 janvier 1889, 4 août 1890, 22 juin 1891, 5 novembre 1894, 21 janvier 1895, 18 mai 1896; *Association française pour l'avancement des Sciences*, Congrès de Paris 1889; *Cercle chromatique*, Paris, Ch. Verdin, 1889, in-folio; *Rapporteur esthétique*, Paris, 1889; *Harmonies de formes et de couleurs*, Paris, Hermann, 1891; *Quelques aperçus sur l'esthétique des formes*, Paris, Nony, 1895.

(2) *Comptes rendus*, 18 mai 1896. — *Harmonies de formes et de couleurs*, pp. 33 et suiv.

si l'on appelle ρ_p le nombre non rythmique d'ordre p, on considère dans la première ligne les nombres non rythmiques dans leur ordre :

$$\rho_1 = 1 \qquad \rho_2 = 7 \qquad \rho_3 = 9, \text{ etc.}$$

et l'on met dans la colonne d'ordre p le signe de la différence

$$A_{\rho_p} - A_{\rho_{p+1}}.$$

Par exemple, le signe — dans la sixième colonne de la première ligne, signifie que la différence

$$A_{\rho_5} - A_{\rho_6}$$

est négative; $\rho_5 = 14$; $\rho_6 = 18$. Voir la table, page 52.

Dans la deuxième ligne, on considère les nombres non rythmiques de deux en deux, et on fait la différence

$$A_{\rho_{2p}} - A_{\rho_{2(p+1)}}.$$

Le signe de cette différence donne le signe de la $p$ième colonne de la deuxième ligne.

En général, le signe de la $p$ième colonne de la αième ligne, est le signe de la différence

$$A_{\rho_{\alpha p}} - A_{\rho_{\alpha(p+1)}}.$$

On a construit toutes les lignes en faisant varier d'une unité la loi α de formation des signes, c'est-à-dire la différence entre les numéros d'ordre des deux nombres non rythmiques. Il n'a été fait d'exception que pour la dix-neuvième ligne, qui représente la différence

$$A_{\rho_{24p}} - A_{\rho_{24(p+1)}},$$

ceci afin d'avoir une succession de trois signes +.

Ma quatrième hypothèse est que la roulette, et, en général, tout instrument inanimé ou non (¹), soumis à des actions purement accidentelles, peut être assimilée *au début d'une période* dans une certaine mesure à ma particule enregistreuse. Dans ces conditions, le tableau donne les écarts entre la rouge et la noire ou entre la noire et la rouge pour les séries d'un certain nombre de coups consécutifs. Ce nombre est arbitraire; nous l'avons choisi égal à 9, c'est-à-dire relativement petit pour que le tableau puisse servir pratiquement et impair pour éviter une différence nulle. Le zéro n'est considéré ni comme rouge ni comme noire, le tableau ne l'indique pas; c'est l'impôt perçu sur le joueur.

Nous faisons une convention, évidemment indiffé-

---

(1) Le croupier est pratiquement un instrument soumis à des causes purement accidentelles, *car il démarre toujours*. La Banque obtient ce résultat en changeant de croupier très fréquemment et en obligeant ces fonctionnaires à imprimer alternativement à la roulette une rotation à droite et une rotation à gauche : elle élimine ainsi les causes de régularité inhérentes à l'état de régime musculaire d'un individu. L'expérimentation est d'accord avec ces faits. J'ai montré (*Comptes rendus*, 22 juin 1891) que, dans une série d'efforts maxima successifs, la variation relative d'un effort par rapport au précédent est fonction du rapport de celui-ci au premier effort de la série, le caractère rythmique ou non des puissances de $\left(\frac{3}{2}\right)$ qui expriment ce rapport déterminant le sens de la variation relative du dernier effort.

rente pourvu qu'elle subsiste pendant toute la durée d'une partie, en désignant par le signe +, par exemple, les séries de neuf coups dans lesquelles il y a une prédominance de rouges; par le signe — celles dans lesquelles il y a une prédominance de noires.

Il est presque superflu d'observer que le tableau présente de lui-même son symétrique, c'est-à-dire celui que l'on obtiendrait en remplaçant les signes + par les signes — et *vice versa*.

Le tableau ne renferme que 10 lois de variations. Un tableau complet serait inutile, car, toutes les successions des signes + et — étant possibles, un tableau qui les contiendrait toutes prétendrait remplacer le hasard par le hasard.

Au début d'une période, on peut admettre que, parmi les nombreuses lois possibles de variation, le hasard suit les plus simples. Une de ces lois étant amorcée pour des causes inconnues, l'*inertie* nous incite à penser que cette loi sera suivie par la roulette pendant un certain temps, puis remplacée par une autre : mais nous ne pouvons pas prévoir cette discontinuité et nous ne pouvons même spécifier la loi de la roulette que par une hypothèse qui exclut d'autres lois. En somme, nous ne pouvons prétendre que canaliser jusqu'à une certaine mesure le hasard. Dans quelle mesure? C'est à l'expérience de répondre.

V

Vérifications expérimentales.

Nous donnons dans l'*Instruction pratique*, pages 60-62, les règles que nous avons suivies dans l'application du tableau théorique aux écarts de la roulette et qui deviennent les règles du joueur.

Nous avons rigoureusement appliqué ces règles dans les expériences que nous allons résumer.

Expérience I.

Le tableau empirique I (page 63) présente les successions de 18 signes d'écarts *pour les 18 premières séries de 9 coups*, chaque jour, pendant les 15 premiers jours du mois de février 1905, à des tables de la roulette de Monte-Carlo, d'après la *Gazette rose*. Etant donné qu'il y a des chances à courir dans le choix des lignes ou des lois de variation suivies par la roulette, nous avons considéré, dans notre comparaison avec le tableau théorique, trois cas :

a) Le cas le plus favorable, c'est-à-dire le nombre minimum de discordances du tableau empirique avec le tableau théorique;

b) Le cas le plus défavorable, c'est-à-dire le maximum de ces discordances ;

c) Le cas moyen, c'est-à-dire la moyenne des discordances, quand l'on considère toutes les combinaisons que l'on peut jouer, en appliquant l'instruction pratique.

Voici les résultats :

Février.	1	2	3	4	5	6	7	8	9	10	11	12	13	14	15
Nombres de discordances. *Cas le plus favorable.*	3	7	4	6	6	6	7	4	9	6	5	7	1	4	7
Cas le plus défavorable.	9	7	7	10	7	6	9	4	9	9	8	10	1	8	9
Cas moyen.	5,6	7	6	8,2	6,7	6	8	4	9	7,7	6,3	8	1	6,1	8

Nous donnons page 64 (*Appendice*, V), le tableau détaillé des discordances, afin que le lecteur puisse vérifier facilement ces résultats.

Nous avons compté chaque jour seulement 15 séries de 9 coups, car on ne joue pas les 3 premières séries : on les observe.

On a donc joué en tout $15 \times 15 = 225$ séries de 9 coups dans les 15 premiers jours du mois de février. Sur ces 225 séries, on a perdu dans 82 et gagné dans 143, dans le cas le plus favorable; perdu dans 113 et gagné dans 112, dans le cas le plus défavorable; perdu dans 97 et gagné dans 128, dans le cas moyen.

Or, on peut admettre que dans une série où l'on a gagné, il est sorti en moyenne 6 coups de la couleur que l'on a jouée et 3 coups de la couleur différente.

En effet, appliquons la formule

$$(p+q)^m$$

rappelée page 2. Dans notre cas, $p = q$; comme il

ne s'agit que de comparer des probabilités, on peut prendre $p = q = 1$.

On a pour 9 coups $m = 9$ et, en développant, l'on trouve

$$(1 + 1)^9 = 1 + 9 + 36 + 84 + 126 + 126 + 84 + 36 + 9 + 1$$

c'est-à-dire que l'on a

126	chances d'avoir	5	coups rouges sur	9
84	»	6	»	9
36	»	7	»	9
9	»	8	»	9
1	»	9	»	9

sur un ensemble de 256 séries de 9 coups. Sur une seule série, la valeur moyenne de la chance *rouge* est donc :

$$\frac{126 \times 5 + 84 \times 6 + 36 \times 7 + 9 \times 8 + 1 \times 9}{256} = 5,7$$

ou 6.

On vient de voir que dans le cas le plus favorable l'on a gagné dans 61 séries ; dans le cas le plus défavorable, l'on a perdu dans 1 série ; et dans le cas moyen, l'on a gagné dans 31 séries. Comme en moyenne, dans une série où l'on a gagné, on a 6 coups gagnés et 3 perdus, l'on peut dire que l'on a gagné au plus $61 \times 3 = 183$ coups, au plus perdu $1 \times 3 = 3$ coups et en moyenne gagné $31 \times 3 = 93$ coups.

Mais il faut tenir compte du zéro, qui, d'après la loi de probabilités, apparaît tous les 37 coups. Or, on a joué en tout 225 × 9 = 2025 coups; on a donc rencontré

$$2025 : 37 = 54 \text{ zéros.}$$

L'effet du zéro étant de faire perdre la moitié de la mise dans le cas des chances simples, le seul qui nous occupe, ces 54 zéros équivalent à 27 coups perdus.

On peut résumer de la façon suivante ce qui précède :

Dans les 15 premiers jours du mois de février 1905, si l'on avait suivi, aux tables de la roulette de Monte-Carlo, l'instruction pratique qui précède notre tableau théorique, l'on aurait gagné dans le cas le plus favorable 183 — 27 = 156 coups; dans le cas le plus défavorable, on aurait perdu 27 + 3 = 30 coups, et, dans le cas moyen, l'on aurait gagné 93 — 27 = 66 coups.

Comparons ces nombres avec les résultats indiqués par le théorème de Bernoulli.

D'après ce théorème, l'écart moyen au bout d μ parties jouées est donné par la formule

$$e = \pm \frac{1}{\sqrt{2\pi}} \sqrt{\mu p q},$$

π, p et q ayant leur signification ordinaire.

Dans notre cas, l'on a

$$p = q = \frac{1}{2}; \quad \mu = 2025; \quad \sqrt{\mu} = 45;$$

d'où

$$e = \pm \frac{1}{\sqrt{8\pi}} \sqrt{\mu} = \pm 0{,}20 \sqrt{\mu} = \pm 9 \text{ environ;}$$

c'est-à-dire que nous pouvions espérer un gain ou une perte de 9 coups au bout de 2025 coups. En tenant compte du zéro, qui est l'équivalent d'une perte de 27 coups, on peut donc dire que, dans les séries considérées, si l'on avait joué sans aucune règle, on aurait perdu 36 ou 18 coups, au lieu d'en gagner 66.

Ce résultat est nettement favorable au tableau théorique.

Expérience II

Elle concerne les sens des écarts entre la rouge et la noire, à la roulette, pendant les 18 premiers jours du mois de décembre 1906, toujours d'après la *Gazette rose*. (Voir le tableau empirique II, page 67.)

Voici les résultats :

Décemb.	1	2	3	4	5	6	7	8	9	10	11	12	13	14	15	16	17	18
							Cas le plus favorable.											
Nombres de discordances.	7	4	6	7	8	4	6	5	4	4	8	6	5	5	4	5	7	9
							Cas le plus défavorable.											
	11	10	8	8	9	7	10	7	8	6	10	7	8	9	7	9	10	10
							Cas moyen.											
	8,7	7	7	7,3	8,5	5,6	8	6	5,9	4,7	8,8	6,7	6,8	5,8	5,2	6,2	8,3	9,4

On a joué en tout $15 \times 18 = 270$ séries de 9 coups ou 2430 coups. Sur ces 270 séries, on a perdu dans 104 et gagné dans 166, dans le cas le plus favorable; on a perdu dans 154 et gagné dans 116, dans le cas le plus défavorable; on a perdu dans 126 et gagné dans 144, dans le cas moyen.

On a vu que, dans une série où l'on gagne, l'on gagne 6 coups et l'on en perd 3 en moyenne.

Dans le cas le plus favorable, l'on a gagné dans 62 séries, donc 186 coups ; dans le cas le plus défavorable, l'on a perdu dans 38 séries, donc 114 coups ; dans le cas moyen, l'on a gagné dans 18 séries, donc 54 coups.

On perd, à cause du zéro, 33 coups.

Si l'on avait suivi l'instruction pratique, l'on aurait gagné dans le cas le plus favorable 153 coups, l'on aurait perdu dans le cas le plus défavorable 147 coups, et, dans le cas moyen, l'on aurait gagné 21 coups.

D'après le théorème de Bernoulli, l'on aurait perdu 43 coups ou 23 coups.

Expérience III

Elle concerne les sens des écarts entre la rouge et la noire à la roulette pendant les 18 premiers jours du mois de mars 1907. (Voir le tableau empirique III, page 68.)

Voici les résultats :

	Mars.	1	2	3	4	5	6	7	8	9	10	11	12	13	14	15	16	17	18
Nombres de discordances.	*Cas le plus favorable.*																		
		8	6	6	6	6	6	6	4	7	5	8	2	6	5	7	6	5	6
	Cas le plus défavorable.																		
		10	9	8	8	7	6	9	6	8	7	11	8	9	9	8	8	11	10
	Cas moyen.																		
		9	7,5	7	7	6,5	6	7,5	5,5	7,5	6	10	5,6	5,8	7,9	8,4	7	8.5	8,5

Des résultats précédents, on peut conclure que sur les 270 séries que l'on a jouées, on aurait perdu dans 105 séries et gagné dans 165, dans le cas le plus favorable; on aurait perdu dans 152 séries et gagné dans 118, dans le cas le plus défavorable; dans le cas moyen, l'on aurait gagné dans 139 et perdu dans 131 séries.

On a vu qu'en moyenne, dans une série où l'on gagne, on a 6 coups de la couleur que l'on a jouée et 3 de la couleur différente. On peut donc dire que, dans le cas le plus favorable, l'on a gagné 60 × 3 = 180 coups; dans le cas le plus défavorable, l'on a perdu 34 × 3 = 102 coups; et, dans le cas moyen, l'on a gagné 8 × 3 = 24 coups.

Le théorème de Bernoulli indique un gain ou une perte probable de 10 coups.

Le zéro fait perdre 33 coups. En résumé, dans le cas le plus favorable, on a gagné 147 coups; dans le cas le plus défavorable, perdu 135 coups; et, dans le cas moyen, on a perdu 9 coups. La perte serait de 43 coups ou 23 coups d'après le théorème de Bernoulli. *Étant donné le zéro*, c'est un insuccès relatif.

VI

Importance de l'état initial.

On pourrait faire plusieurs hypothèses pour expliquer des insuccès *relatifs*, comme celui de l'expérience III ; on pourrait dire, par exemple, que la roulette et autres instruments soumis à des actions accidentelles n'ont, contrairement à ma quatrième hypothèse, aucun rapport avec ma particule enregistreuse (j'écarte cette considération comme antiphysique) ; ou encore que le rapport des nombres de vibrations caractéristiques d'une catégorie de chances peut monter à l'octave supérieure sous l'influence de la prépondérance de ces causes : dans ces cas, certains écarts du tableau théorique changeraient de signe, sans que nous puissions en être avertis ; j'écarte encore cette considération pour la raison qu'il est impossible de la discuter.

La raison principale des insuccès relatifs est que les systèmes fortuits, en raison même de l'inertie, ne peuvent pas toujours être considérés comme étant rigoureusement dans l'état initial simple réclamé par l'application de la loi des petits nombres : le début d'une partie à la roulette, d'une évolution quelconque d'événements fortuits, est souvent fonction d'un état antérieur : cela correspond à un certain décalage vers la fin des colonnes et vers la fin des lignes du tableau théorique. Or, nous ne considérons jamais les lignes et les colonnes que près de l'origine : nous ne pouvons faire autrement, car un tableau complet serait illusoire à la roulette.

Voici comment j'ai vérifié l'importance capitale de cet état initial : je l'ai systématiquement supprimé dans des statistiques auxquelles j'ai appliqué la même méthode de calcul que dans les trois expériences précédentes.

Première contre-épreuve.

Le tableau empirique IV (p. 69) a été construit d'après des nombres du traité : *Sur la roulette et le trente-et-quarante*, par Martin Gall (pages 8 et suiv.).

Ces résultats ne sont pas donnés par journée. On a partagé le tableau en séries de 9 coups consécutifs et l'on a pris 18 de ces séries pour faire une ligne.

Sur les 16 lignes que l'on a pu former avec les nombres de Martin Gall (la dernière ligne ne contient que 17 séries), c'est-à-dire sur les 239 séries de 9 coups, on a les résultats suivants :

Dans le cas le plus favorable, 130 séries avec gain, 109 avec perte, donc gain dans 21 séries, soit 63 coups gagnés ;

Dans le cas le plus défavorable, 145 séries avec perte, 94 avec gain, donc perte dans 51 séries, soit 153 coups perdus ;

Dans le cas moyen, 128 séries avec perte, 111 avec gain, donc perte dans 17 séries, soit 51 coups perdus.

Si l'on tient compte du zéro, équivalent à une perte de 29 coups, on trouve que :

1° Dans le cas le plus favorable, on a gagné 34 coups ;

2° Dans le cas le plus défavorable, on a perdu 182 coups ;

3° Dans le cas moyen, on a perdu 80 coups.

Le théorème de Bernoulli n'indique que 38 coups perdus ou 20 coups perdus !

Deuxième contre-épreuve.

Elle a été faite avec les nombres recueillis par la *Gazette rose* pendant la semaine du dimanche 12 novembre au 19 novembre 1905 ; le tableau empirique V résume ces données (page 70). Nous avons pris les numéros successivement, sans tenir compte du commencement de chaque jour.

Dans le cas le plus favorable, on a eu 169 séries avec gain, 101 séries avec perte : on a donc gagné dans 68 séries, soit 204 coups.

Dans le cas le plus défavorable, on a gagné dans 113 séries, perdu dans 157 : on a donc perdu dans 44 séries, soit 132 coups perdus.

Dans le cas moyen, on a gagné dans 139 séries, perdu dans 131 ; on a donc gagné dans 8 séries, soit 24 coups.

Tenant compte du zéro, qui fait perdre en moyenne 33 coups :

1° Dans le cas le plus favorable, on gagne 171 coups ;

2° Dans le cas le plus défavorable, on perd 165 coups;

3° Dans le cas moyen, on perd 9 coups.

Ce dernier résultat est trois fois plus petit environ que la moyenne des écarts moyens de Bernoulli.

Je suis autorisé par ces contre-épreuves et d'autres à conclure que les insuccès *relatifs*, que l'on pourra rencontrer dans l'application de la loi des petits nombres, sont dus à la non-réalisation dans le milieu fortuit des conditions initiales impliquées par la théorie.

La question de savoir si un milieu satisfait à ces conditions initiales ne peut être décidée que par l'observation d'un assez grand nombre de séries. Pour le joueur qui veut avant tout agir cette perspective peut, dans quelques cas, être impratique. Pour le savant, qui a le temps de calculer, l'étude des séries de sens d'écarts au cours de statistiques des phénomènes successifs d'un ensemble fortuit ajoute peu à sa peine et communique beaucoup d'intérêt à ses fastidieuses enquêtes. En vue des études scientifiques, il serait facile d'étendre le tableau théorique jusqu'aux termes correspondant aux amplitudes maxima des diverses périodes et de vérifier les lois d'évolution jusqu'à leur retour à l'état initial; on peut aussi construire d'autres tableaux avec la table (*Appendice*, II) en modifiant les hypothèses que j'ai adoptées.

En résumé, le théorème de Bernoulli manifeste sur le signe de l'écart probable, au bout d'un grand nombre d'arrivées, la plus parfaite indifférence.

Gagner à la roulette ou dans tout jeu de pur hasard, c'est deviner ce signe au bout d'un nombre relativement petit d'épreuves. Je crois avoir établi expérimentalement que, pour des systèmes fortuits réalisant certaines conditions initiales, il est possible de deviner ce signe.

APPENDICE.

I

Le théorème de Bernoulli.

1\. *Soit* p *la probabilité pour l'événement P de se produire et* q *la probabilité pour Q de se produire, quand P s'est déjà produit; la probabilité pour Q de se produire est* pq. C'est le principe des probabilités composées.

Supposons que l'on considère deux événements P et Q qui s'excluent, la somme de leurs probabilités p et q est la certitude

$$p + q = 1.$$

On se demande quelle est la probabilité pour qu'il se produise une certaine succession d'événements PQPQQQP. D'après le principe précédent, elle est $pqpqqqp = p^3q^4$.

Mais la question peut se présenter autrement : Quelle est la probabilité qu'on a de voir se produire 3 fois l'événement P et 4 fois l'événement Q, sans tenir compte de l'ordre dans lequel ils se produisent?

Pour cela, considérons le produit

$$(p_1 + q_1)(p_2 + q_2)(p_3 + q_3)\ldots\ldots(p_7 + q_7).$$

Ce produit est une somme de termes de la forme $p_1q_2p_3p_4\ldots$. Si on suppose que les lettres $p_1p_2\ldots p_7$ représentent toutes la probabilité de l'événement P et les lettres $q_1q_2\ldots q_7$ représentent toutes la probabilité de l'événement Q, les indices étant mis simplement pour indiquer l'ordre, le produit $p_1q_2p_3q_4q_5q_6p_7$ donne la probabilité de l'événement composé : PQPQQQP. Chaque terme du produit précédent représente une possibilité. Si on supprime les indices, on ne tient plus compte de l'ordre des événements, on obtient, dans ce cas, le développement de

$$(p + q)^{\alpha}$$

et le coefficient de $p^\alpha q^\beta$ indique combien il y a de termes donnant la probabilité d'avoir α fois l'événement P et β fois l'événement Q.

La probabilité d'avoir α fois l'événement P, β fois l'événement Q sur μ événements successifs ($\alpha + \beta = \mu$) est donc, d'après ce que nous venons de voir (1) :

$$C_\mu^\alpha p^\alpha q^\beta = \frac{(\alpha + \beta)!}{\alpha!\,\beta!} p^\alpha q^\beta.$$

2. On peut déduire de là quel est l'événement le plus probable et quelle est sa probabilité.

Si on désigne par P_α la probabilité de l'événement le plus probable, on doit avoir :

$$P_{\alpha-1} < P_\alpha > P_{\alpha+1} \text{ ou } \frac{P_\alpha}{P_{\alpha+1}} > 1, \frac{P_\alpha}{P_{\alpha-1}} > 1.$$

Or on a :

$$P_{\alpha+1} = \frac{(\alpha + \beta)!}{(\alpha + 1)!\,(\beta - 1)!} p^{\alpha+1} q^{\beta-1};$$

$$P_{\alpha-1} = \frac{(\alpha + \beta)!}{(\alpha - 1)!\,(\beta + 1)!} p^{\alpha-1} q^{\beta+1};$$

d'où

$$\frac{P_\alpha}{P_{\alpha+1}} = \frac{q}{p} \frac{\alpha + 1}{\beta},$$

$$\frac{P_\alpha}{P_{\alpha-1}} = \frac{p}{q} \frac{\beta + 1}{\alpha}.$$

Il résulte de là que l'on doit avoir

$$\frac{q}{p} \frac{\alpha + 1}{\beta} > 1 \text{ ou } \frac{p}{q} < \frac{\alpha + 1}{\beta}$$

et

$$\frac{p}{q} \frac{\beta + 1}{\alpha} > 1 \text{ ou } \frac{p}{q} > \frac{\alpha}{\beta + 1}.$$

(1) On désigne par $\alpha!$ (factorielle α) le produit de tous les nombres entiers jusqu'à α :

$$\alpha! = 1.2.3\ldots(\alpha - 1).\alpha.$$

La condition pour que le fait de voir l'événement P se produire α fois soit le plus probable est donc exprimée par l'inégalité

$$\frac{\alpha}{\beta+1} < \frac{p}{q} < \frac{\alpha+1}{\beta}.$$

Cette condition est suffisante, car le maximum est absolu. Pour le vérifier, il suffit de démontrer les deux inégalités suivantes :

$$\frac{P_{\alpha'}}{P_{\alpha'-1}} > 1, \text{ pour } \alpha' < \alpha, \ \beta' > \beta.$$

$$\frac{P_{\alpha''}}{P_{\alpha''+1}} > 1, \text{ pour } \alpha'' > \alpha, \ \beta'' < \beta.$$

Or, d'après ce que l'on a vu, on a :

$$\frac{P_{\alpha'}}{P_{\alpha'-1}} = \frac{p}{q}\,\frac{\beta'+1}{\alpha'}$$

$$\frac{P_{\alpha''}}{P_{\alpha''+1}} = \frac{q}{p}\,\frac{\alpha''+1}{\beta''}$$

et, comme d'autre part :

$$\frac{p}{q}\,\frac{\beta'+1}{\alpha'} > \frac{p}{q}\,\frac{\beta+1}{\alpha},$$

$$\frac{q}{p}\,\frac{\alpha''+1}{\beta''} > \frac{q}{p}\,\frac{\alpha+1}{\beta},$$

les inégalités précédentes sont démontrées : le maximum est bien absolu.

S'il existe deux nombres entiers α, β, tels que $\alpha + \beta = \mu$ et $\frac{\alpha}{p} = \frac{\beta}{q} = \frac{\alpha+\beta}{1}$, c'est-à-dire si $\alpha = p\mu$, $\beta = q\mu$ sont des nombres entiers, ce sont précisément ces nombres qui expriment la plus grande probabilité. On peut toujours d'ailleurs prendre, si μ est assez grand, pour α et β les entiers contenus dans $p\mu$ et $q\mu$, l'erreur relative qu'on commet étant très petite.

La probabilité maxima est donc :

$$P_{max} = \frac{\mu!}{p\mu!\, q\mu!} p^{\mu p} q^{\mu q}.$$

Si l'on applique aux factorielles la formule de Stirling, on a :

$$P_{max} = \frac{\mu^{\mu} e^{-\mu} \sqrt{2\pi\mu}\, p^{\mu p} q^{\mu q}}{(p\mu)^{p\mu} e^{-p\mu} \sqrt{2\pi p\mu}\, (q\mu)^{q\mu} e^{-q\mu} \sqrt{2\pi q\mu}},$$

ou encore :

$$P_{max} = \frac{\mu^{\mu} e^{-\mu} \sqrt{2\pi\mu}\, p^{\mu p} q^{\mu q}}{p^{\mu p} q^{\mu q} \mu^{(p+q)\mu} e^{-\mu(p+q)} 2\pi\mu \sqrt{pq}}.$$

Si on tient compte du fait que l'on a $p + q = 1$, on a, en définitive :

$$P_{max} = \frac{1}{\sqrt{2\pi pq\mu}}.$$

3. Pour trouver l'écart moyen, il suffit de multiplier chaque écart par la probabilité qu'il a de se produire et de faire la somme de tous ces produits.

On a vu que la valeur la plus probable est μp, μq.

Un écart z a donc pour probabilité :

$$\frac{\mu!}{(\mu p - z)!\,(\mu q + z)!} p^{\mu p - z} q^{\mu q + z}.$$

On doit multiplier ce terme par z et faire la somme de tous ces produits pour avoir l'écart moyen.

L'écart moyen est donc :

$$e_m = \sum \frac{\mu!}{(\mu p - z)!\,(\mu q + z)!} p^{\mu p - z} q^{\mu q + z} z.$$

Or, à cause de $p + q = 1$, l'on a :

$$z = p(\mu q + z) - q(\mu p - z)$$

donc :

$$e_m = \sum \frac{\mu\,!}{(\mu p - \alpha)\,!\,(\mu q + \alpha)\,!} p^{\mu p-\alpha} q^{\mu q+\alpha} p(\mu q + \alpha) -$$

$$- \sum \frac{\mu\,!}{(\mu p - \alpha)\,!\,(\mu q + \alpha)\,!} p^{\mu p-\alpha} q^{\mu q+\alpha} q(\mu p - \alpha)$$

ou encore :

$$\frac{e_m}{pq} = \sum \frac{\mu\,!}{(\mu p - \alpha)\,!\,(\mu q + \alpha)\,!} \times$$

$$[p^{\mu p-\alpha} q^{\mu q+\alpha-1}(\mu q + \alpha) - p^{\mu p-\alpha-1} q^{\mu q+\alpha}(\mu p - \alpha)].$$

On ne doit considérer que des valeurs positives de α pour avoir la moitié de l'écart moyen ; on voit alors que le premier terme du second membre, qui peut s'écrire :

$$\mu \sum \frac{(\mu - 1)\,!}{(\mu p - \alpha)\,!\,(\mu q + \alpha - 1)\,!} p^{\mu p-\alpha} q^{\mu q+\alpha-1},$$

n'est autre chose que le développement de $\mu(p + q)^{\mu-1}$ arrêté au terme de degré μp. Le deuxième terme de cette différence est le même développement arrêté au terme $\mu p - 1$; la différence n'est donc autre chose que le terme de rang μp ; donc :

$$e_m = 2\mu pq \cdot \frac{(\mu-1)!}{\mu p!(\mu q-1)!} p^{\mu p} q^{\mu q-1};$$

ce que je peux encore écrire :

$$e_m = 2\mu pq \cdot \frac{\mu!}{\mu p!\ \mu q!} p^{\mu p} q^{\mu q}.$$

Or, d'après ce que nous avons vu, l'on a :

$$\frac{\mu!}{\mu p!\ \mu q!} p^{\mu p} q^{\mu q} = \frac{1}{\sqrt{2\pi pq\mu}};$$

donc :

$$e_\mu = \frac{2\mu pq}{\sqrt{2\pi pq\mu}} = \sqrt{\frac{2}{\pi}\mu pq} = 0,79789\sqrt{\mu pq}.$$

4. A côté de l'écart moyen, on a introduit dans le calcul des probabilités la notion d'*écart probable*; c'est celui qui a autant de chances d'être dépassé que de ne pas être dépassé.

Pour calculer cet écart, on démontre à l'aide de la formule de Stirling que la probabilité pour que l'écart z soit inférieur à une limite α, c'est-à-dire soit compris entre $-\alpha$ et $+\alpha$, est donnée par l'intégrale

$$\frac{1}{\sqrt{2\pi\mu pq}}\int_{-\alpha}^{+\alpha} e^{-\frac{z^2}{2\mu pq}}dz\,;$$

en posant

$$z = \sqrt{2\mu pq}\,t,$$

on a :

$$\frac{2}{\sqrt{\pi}}\int_0^{\frac{\alpha}{\sqrt{2\mu pq}}} e^{-t^2}dt = \theta(t).$$

Pour trouver l'écart probable, il faut évidemment écrire, d'après la définition,

$$\theta(t) = \frac{1}{2}.$$

Les tables, où l'on trouve les différentes valeurs de θ, donnent $t = 0,4769363$ pour $\theta = \frac{1}{2}$, donc l'écart probable α est donné par la formule :

$$\frac{\alpha}{\sqrt{2\mu pq}} = 0,4769363,$$

ou

$$\alpha = 0,4769\sqrt{2\mu pq}.$$

II

TABLE DES $\left(\frac{3}{2}\right)^m : 2^q$,

LES RÉSULTATS ÉTANT COMPRIS ENTRE 1 ET 2.

Le problème est de trouver les valeurs que prend l'expression

$$\frac{\left(\frac{3}{2}\right)^m}{2^q},$$

en donnant à m des valeurs entières consécutives et en astreignant toujours q à la condition :

$$1 < \frac{\left(\frac{3}{2}\right)^m}{2^q} < 2.$$

Si, étant donné un nombre m, l'on veut déterminer un nombre q de façon à avoir :

(1) $$1 < \frac{\left(\frac{3}{2}\right)^m}{2^q} < 2,$$

l'inégalité précédente devient, en posant $p = m + q$,

(1') $$1 < \frac{3^m}{2^p} < 2,$$

et, passant des logarithmes aux nombres, l'on a

(2) $$p < \frac{m \log 3}{\log 2} < p + 1.$$

Il résulte de cette inégalité que p est la partie entière de l'expression $\frac{m \log 3}{\log 2}$.

On peut calculer $\frac{3^m}{2^p}$ par les tables de logarithmes, une fois que l'on a trouvé p; mais il est préférable de procéder autrement. Si l'on pose

$$(3) \qquad \frac{\log 3}{\log 2} = a,$$

l'on a

$$3^m = 2^{am},$$

et si l'on désigne par $e.[am]$ la partie entière du produit am et par $f.[am]$ sa partie fractionnaire, en tenant compte du fait que $p = e.[am]$ l'on a :

$$(4) \qquad \frac{3^m}{2^p} = \frac{2^{am}}{2^{e.[am]}} = 2^{f.[am]}.$$

Avec les tables qui fournissent ces logarithmes avec sept chiffres décimaux on obtient pour a la valeur

$$a = 1,58496,$$

dont on peut garantir le dernier chiffre.

Pour calculer $2^{f.[am]}$ avec une approximation suffisante, on s'appuie sur l'égalité

$$0,58333 \times 12 = \frac{7}{12} \times 12 = 7.$$

Or l'on a :

$$f.[a] = 0,58333 + 0,00163 = \frac{7}{12} + 0,00163.$$

On déduit de cette égalité le moyen de calculer $2^{f.[a(m+12)]}$ dès qu'on connaît $2^{f.[am]}$.

On a, en effet :

$$\begin{aligned} f.[a(m+12)] &= f.[am + a.12] \\ &= f.[am + 7 + 0,00163 \times 12] \\ &= f.[am + 0,00163 \times 12]. \end{aligned}$$

Or l'on a

$$0,00163 \times 12 = 0,01956,$$

de sorte que :

(5) $$2^{f.[a(m+12)]} = 2^{f.[am]} . 2^{0,01956},$$

à condition d'avoir

(6) $$1 < 2^{f.[am]} . 2^{0,01956} < 2.$$

Si la condition (6) n'est pas satisfaite, on divise le résultat par 2. Ce cas se présente d'ailleurs rarement, car $2^{0,01956}$ est très voisin de l'unité. Sa valeur est :

$$2^{0,01956} = 1,01367.$$

On trouve la valeur de $2^{f.[a(m+12)]}$ *ou de* $\frac{3^{m+12}}{2^p}$ *en ajoutant à* $2^{f.[am]}$ *ou* $\frac{3^m}{2^p}$, *le produit* $2^{f.[am]} \times 0,01367$, ce qui s'exprime par l'égalité :

$$2^{f.[a(m+12)]} = 2^{f.[am]} + 2^{f.[am]} \times 0,01367.$$

Cette règle nous donne le moyen de calculer douze valeurs consécutives de $\frac{3^m}{2^p}$ dès qu'on connait les douze valeurs qui précèdent, et par suite de déduire des douze premières valeurs, de proche en proche, toutes les valeurs de l'expression $\frac{3^m}{2^p}$.

Exemple :

On a trouvé

$$\frac{\left(\frac{3}{2}\right)^{61}}{2^{35}} = 1,605.$$

On en déduit :

$$\frac{\left(\frac{3}{2}\right)^{73}}{2^{42}} = 1,605 + 1,605 \times 0,01367.$$
$$= 1,625.$$

C'est ainsi qu'a été calculée la table suivante.

TABLE.

0	=	1	36	=	1,041	72	=	1,084
1	»	1,50	37	»	1,562	73	»	1,627
2	»	1,125	38	»	1,172	74	»	1,220
3	»	1,687	39	»	1,758	75	»	1,826
4	»	1,266	40	»	1,318	76	»	1,372
5	»	1,898	41	»	1,977	77	»	1,029
6	»	,423	42	»	1,483	78	»	1,544
7	»	1,067	43	»	1,111	79	»	1,158
8	»	1,601	44	»	1,668	80	»	1,737
9	»	1,201	45	»	1,251	81	»	1,303
10	»	1,802	46	»	1,878	82	»	1,954
11	»	1,351	47	»	1,407	83	»	1,466
12	»	1,013	48	»	1,054	84	»	1,099
13	»	1,520	49	»	1,583	85	»	1,649
14	»	1,140	50	»	1,187	86	»	1,236
15	»	1,710	51	»	1,781	87	»	1,855
16	»	1,283	52	»	1,336	88	»	1,391
17	»	1,924	53	»	1,003	89	»	1,043
18	»	1,443	54	»	1,503	90	»	1,565
19	»	1,081	55	»	1,126	91	»	1,173
20	»	1,623	56	»	1,691	92	»	1,761
21	»	1,217	57	»	1,270	93	»	1,320
22	»	1,827	58	»	1,904	94	»	1,981
23	»	1,369	59	»	1,426	95	»	1,486
24	»	1,027	60	»	1,068	96	»	1,114
25	»	1,541	61	»	1,605	97	»	1,671
26	»	1,155	62	»	1,203	98	»	1,253
27	»	1,733	63	»	1,805	99	»	1,880
28	»	1,300	64	»	1,354	100	»	1,410
29	»	1,950	65	»	1,016	101	»	1,056
30	»	1,463	66	»	1,523	102	»	1,586
31	»	1,096	67	»	1,142	103	»	1,189
32	»	1,645	68	»	1,714	104	»	1,785
33	»	1,234	69	»	1,285	105	»	1,338
34	»	1,852	70	»	1,928	106	»	1,004
35	»	1,388	71	»	1,446	107	»	1,506

108	=	1,129	151	=	1,255	194	=	1,397
109	»	1,694	152	»	1,885	195	»	1,049
110	»	1,270	153	»	1,415	196	»	1,573
111	»	1,906	154	»	1,060	197	»	1,177
112	»	1,429	155	»	1,590	198	»	1,769
113	»	1,070	156	»	1,192	199	»	1,335
114	»	1,608	157	»	1,788	200	»	1,990
115	»	1,205	158	»	1,341	201	»	1,494
116	»	1,809	159	»	1,007	202	»	1,117
117	»	1,358	160	»	1,510	203	»	1,678
118	»	1,018	161	»	1,130	204	»	1,258
119	»	1,527	162	»	1,698	205	»	1,887
120	»	1,144	163	»	1,272	206	»	1,416
121	»	1,717	164	»	1,911	207	»	1,064
122	»	1,287	165	»	1,434	208	»	1,594
123	»	1,933	166	»	1,074	209	»	1 193
124	»	1,449	167	»	1,612	210	»	1,794
125	»	1,085	168	»	1,208	211	»	1,353
126	»	1,630	169	»	1,812	212	»	1,009
127	»	1,221	170	»	1,359	213	»	1,514
128	»	1,835	171	»	1,021	214	»	1,132
129	»	1,376	172	»	1,531	215	»	1,701
130	»	1,032	173	»	1,145	216	»	1,275
131	»	1,548	174	»	1,721	217	»	1,913
132	»	1,160	175	»	1,289	218	»	1,435
133	»	1,740	176	»	1,937	219	»	1,079
134	»	1,305	177	»	1,454	220	»	1,616
135	»	1,959	178	»	1,088	221	»	1,209
136	»	1,469	179	»	1,634	222	»	1,819
137	»	1,100	180	»	1,224	223	»	1,371
138	»	1,652	181	»	1,837	224	»	1,023
139	»	1,238	182	»	1 378	225	»	1,535
140	»	1,860	183	»	1,035	226	»	1,147
141	»	1,396	184	»	1,552	227	»	1,724
142	»	1,046	185	»	1,161	228	»	1,292
143	»	1,569	186	»	1,745	229	»	1,939
144	»	1,176	187	»	1,317	230	»	1,455
145	»	1,764	188	»	1,963	231	»	1,094
146	»	1,323	189	»	1,474	232	»	1,638
147	»	1,986	190	»	1,102	233	»	1,226
148	»	1,489	191	»	1,656	234	»	1,814
149	»	1,115	192	»	1,241	235	»	1,390
150	»	1,675	193	»	1,862	236	»	1,037

237	=	1.556
238	»	1,103
239	»	1,748
240	»	1,310
241	»	1,065
242	»	1,475
243	»	1,109
244	»	1,660
245	»	1,243
246	»	1,860
247	»	1,400
248	»	1,051
249	»	1,577
250	»	1,179
251	»	1,772
252	»	1,328
253	»	1,092
254	»	1,495
255	»	1,124
256	»	1,683
257	»	1,260
258	»	1,895
259	»	1,428
260	»	1,065
261	»	1,599
262	»	1,195
263	»	1,706
264	»	1,346
265	»	1,010
266	»	1,510
267	»	1,139
268	»	1,706
269	»	1,277
270	»	1,921
271	»	1,448
272	»	1,080
273	»	1,621
274	»	1,211
275	»	1,820
276	»	1,364
277	»	1,024
278	»	1,530
279	»	1,155
280	=	1,729
281	»	1,294
282	»	1,947
283	»	1,468
284	»	1,095
285	»	1,643
286	»	1,238
287	»	1,845
288	»	1.383
289	»	1,038
290	»	1,551
291	»	1,171
292	»	1,753
293	»	1,312
294	»	1,964
295	»	1,488
296	»	1,110
297	»	1,665
298	»	1,255
299	»	1,870
300	»	1,402
301	»	1,052
302	»	1,572
303	»	1,187
304	»	1,777
305	»	1,330
306	»	1,991
307	»	1,508
308	»	1,125
309	»	1,688
310	»	1,272
311	»	1,871
312	»	1,421
313	»	1,066
314	»	1,593
315	»	1,203
316	»	1,801
317	»	1,348
318	»	1,009
319	»	1,529
320	»	1,140
321	»	1,711
322	»	1,289
323	=	1,897
324	»	1,440
325	»	1,081
326	»	1,615
327	»	1,219
328	»	1,826
329	»	1,366
330	»	1,023
331	»	1,550
332	»	1,154
333	»	1,734
334	»	1,307
335	»	1,923
336	»	1,460
337	»	1,090
338	»	1,637
339	»	1,230
340	»	1,851
341	»	1,386
342	»	1,037
343	»	1,571
344	»	1,170
345	»	1,758
346	»	1,325
347	»	1,949
348	»	1,480
349	»	1,111
350	»	1,659
351	»	1,253
352	»	1,876
353	»	1,404
354	»	1,051
355	»	1,592
356	»	1,186
357	»	1,782
358	»	1,343
359	»	1,976
360	»	1,500
361	»	1,126
362	»	1,682
363	»	1,270
364	»	1,902
365	»	1,423

366	=	1,065	409	=	1,198	452	=	1,322
367	"	1,614	410	"	1,766	453	"	1,086
368	"	1,202	411	"	1,341	454	"	1,407
369	"	1,806	412	"	1,004	455	"	1,102
370	"	1,361	413	"	1,502	456	"	1,671
371	"	1,002	414	"	1,124	457	"	1,265
372	"	1,520	415	"	1,704	458	"	1,864
373	"	1,141	416	"	1,269	459	"	1,416
374	"	1,705	417	"	1,907	460	"	1,000
375	"	1,287	418	"	1,437	461	"	1,585
376	"	1,928	419	"	1,058	462	"	1,187
377	"	1,442	420	"	1,605	463	"	1,798
378	"	1,079	421	"	1,214	464	"	1,340
379	"	1,636	422	"	1,790	465	"	1,007
380	"	1,218	423	"	1,359	466	"	1,517
381	"	1,831	424	"	1,018	467	"	1,117
382	"	1,380	425	"	1,522	468	"	1,694
383	"	1,016	426	"	1,139	469	"	1,282
384	"	1,541	427	"	1,727	470	"	1,889
385	"	1,156	428	"	1,286	471	"	1,435
386	"	1,728	429	"	1,933	472	"	1,074
387	"	1,305	430	"	1,457	473	"	1,607
388	"	1,954	431	"	1,072	474	"	1,203
389	"	1,462	432	"	1,627	475	"	1,823
390	"	1,094	433	"	1,231	476	"	1,358
391	"	1,658	434	"	1,814	477	"	1,021
392	"	1,235	435	"	1,378	478	"	1,538
393	"	1,856	436	"	1,032	479	"	1,132
394	"	1,399	437	"	1.543	480	"	1,717
395	"	1,030	438	"	1,155	481	"	1,300
396	"	1,562	439	"	1,750	482	"	1,915
397	"	1,172	440	"	1,304	483	"	1,455
398	"	1,742	441	"	1,959	484	"	1,089
399	"	1,323	442	"	1,477	485	"	1,629
400	"	1,981	443	"	1,087	486	"	1,224
401	"	1,482	444	"	1,649	487	"	1,836
402	"	1,109	445	"	1,248	488	"	1,374
403	"	1,681	446	"	1,839	489	"	1,030
404	"	1,252	447	"	1,397	490	"	1,546
405	"	1,881	448	"	1,046	491	"	1,160
406	"	1,418	449	"	1,564	492	"	1,739
407	"	1,044	450	"	1,171	493	"	1,304
408	"	1,583	451	"	1,774	494	"	1,935

495	=	1,407
496	»	1,100
497	»	1,051
498	»	1,241
499	»	1,861
500	»	1,303
501	»	1,044
502	»	1,567
503	»	1,176
504	»	1,763
505	»	1,322
506	»	1,080
507	»	1,487
508	»	1,115
509	»	1,673
510	»	1,258
511	»	1,880
512	»	1,412
513	»	1,058
514	»	1,588
515	»	1,102
516	»	1,787
517	»	1,340
518	»	1,001
519	»	1,507
520	»	1,130
521	»	1,607
522	»	1,275
523	»	1,012
524	»	1,431
525	»	1,072
526	»	1,610
527	»	1,208
528	»	1,811
529	»	1,358
530	»	1,018
531	»	1,527
532	»	1,145
533	»	1,720
534	»	1,203
535	»	1,038
536	»	1,451
537	»	1,087
538	=	1,032
539	»	1,225
540	»	1,836
541	»	1,377
542	»	1,032
543	»	1,548
544	»	1,161
545	»	1,743
546	»	1,311
547	»	1,064
548	»	1,471
549	»	1,102
550	»	1,654
551	»	1,242
552	»	1,861
553	»	1,396
554	»	1,046
555	»	1,569
556	»	1,177
557	»	1,707
558	»	1,329
559	»	1,001
560	»	1,401
561	»	1,117
562	»	1,677
563	»	1,259
564	»	1,886
565	»	1,415
566	»	1,060
567	»	1,591
568	»	1,193
569	»	1,701
570	»	1,347
571	»	1,000
572	»	1,511
573	»	1,132
574	»	1,700
575	»	1,276
576	»	1,012
577	»	1,434
578	»	1,075
579	»	1,013
580	»	1,200
581	=	1,815
582	»	1,365
583	»	1,023
584	»	1,532
585	»	1,147
586	»	1,723
587	»	1,293
588	»	1,038
589	»	1,454
590	»	1,000
591	»	1,035
592	»	1,226
593	»	1,840
594	»	1,384
595	»	1,037
596	»	1,553
597	»	1,103
598	»	1,747
599	»	1,311
600	»	1,064
601	»	1,474
602	»	1,105
603	»	1,657
604	»	1,243
605	»	1,805
606	»	1,403
607	»	1,051
608	»	1,574
609	»	1,170
610	»	1,771
611	»	1,329
612	»	1,091
613	»	1,494
614	»	1,120
615	»	1,080
616	»	1,260
617	»	1,890
618	»	1,422
619	»	1,065
620	»	1,595
621	»	1,105
622	»	1,705
623	»	1,347

624	=	1,009	667	=	1,125	710	=	1,248
625	»	1,514	668	»	1,684	711	»	1,873
626	»	1,135	669	»	1,262	712	»	1,404
627	»	1,705	670	»	1,896	713	»	1,053
628	»	1,277	671	»	1,422	714	»	1,584
629	»	1,916	672	»	1,065	715	»	1,188
630	»	1,441	673	»	1,599	716	»	1,778
631	»	1,080	674	»	1,198	717	»	1,332
632	»	1,617	675	»	1,798	718	»	1,001
633	»	1,211	676	»	1,348	719	»	1,501
634	»	1,820	677	»	1,011	720	»	1,125
635	»	1,365	678	»	1,521	721	»	1,689
636	»	1,023	679	»	1,140	722	»	1,265
637	»	1,535	680	»	1,707	723	»	1,899
638	»	1,151	681	»	1,270	724	»	1,423
639	»	1,726	682	»	1,922	725	»	1,067
640	»	1,294	683	»	1,441	726	»	1,606
641	»	1,942	684	»	1,080	727	»	1,204
642	»	1,461	685	»	1,621	728	»	1,792
643	»	1,095	686	»	1,214	729	»	1,350
644	»	1,639	687	»	1,823	730	»	1,015
645	»	1,228	688	»	1,366	731	»	1,521
646	»	1,845	689	»	1,025	732	»	1,140
647	»	1,384	690	»	1,542	733	»	1,712
648	»	1,037	691	»	1,156	734	»	1,282
649	»	1,556	692	»	1,736	735	»	1,925
650	»	1,167	693	»	1,296	736	»	1,442
651	»	1,750	694	»	1,948	737	»	1,082
652	»	1,312	695	»	1,461	738	»	1,628
653	»	1,968	696	»	1,095	739	»	1,220
654	»	1,481	697	»	1,642	740	»	1,816
655	»	1,110	698	»	1,231	741	»	1,368
656	»	1,661	699	»	1,848	742	»	1,029
657	»	1,245	700	»	1,385	743	»	1,542
658	»	1,870	701	»	1,039	744	»	1,156
659	»	1,403	702	»	1,563	745	»	1,735
660	»	1,051	703	»	1,172	746	»	1,300
661	»	1,577	704	»	1,754	747	»	1,951
662	»	1,182	705	»	1,314	748	»	1,462
663	»	1,774	706	»	1,975	749	»	1,097
664	»	1,330	707	»	1,481	750	»	1,650
665	»	1,995	708	»	1,110	751	»	1,237
666	»	1,501	709	»	1,666	752	»	1,841

753	=	1,387
754	»	1,043
755	»	1,563
756	»	1,172
757	»	1,750
758	»	1,318
759	»	1,078
760	»	1,482
761	»	1,112
762	»	1,673
763	»	1,254
764	»	1,866
765	»	1,400
766	»	1,057
767	»	1,584
768	»	1,188
769	»	1,783
770	»	1,330
771	»	1,003
772	=	1,502
773	»	1,127
774	»	1,696
775	»	1,270
776	»	1,801
777	»	1,425
778	»	1,071
779	»	1,606
780	»	1,204
781	»	1,807
782	»	1,355
783	»	1,017
784	»	1,523
785	»	1,142
786	»	1,719
787	»	1,286
788	»	1,017
789	»	1,444
790	»	1,080
791	=	1,628
792	»	1,220
793	»	1,832
794	»	1,373
795	»	1,031
796	»	1,514
797	»	1,158
798	»	1,742
799	»	1,303
800	»	1,943
801	»	1,464
802	»	1,101
803	»	1,650
804	»	1,237
805	»	1,857
806	»	1,392
807	»	1,045
808	»	1,565
809	»	1,174

III

TABLEAU THÉORIQUE
DE
SUCCESSIONS DE SENS D'ÉCARTS A LA ROULETTE.

	1	2	3	4	5	6	7	8	9	10	11	12	13	14	15	16	17	18
1	+	—	—	—	+	—	+	—	—	+	—	+	—	+	—	+	—	—
2	+	—	+	+	—	+	—	+	—	—	—	+	—	—	+	+	—	—
3	+	—	—	+	—	+	+	+	+	—	+	—	+	—	+	—	+	+
4	—	+	+	+	—	+	—	+	—	+	+	+	—	+	+	+	—	+
5	+	—	—	+	+	—	+	—	+	—	+	+	—	+	+	—	+	+
6	+	+	—	—	—	—	—	+	+	—	—	—	—	—	+	—	—	—
7	+	—	+	—	+	—	+	—	—	—	—	—	+	—	+	+	—	—
8	+	+	—	+	—	+	+	+	—	—	+	—	—	+	—	+	—	—
9	+	+	+	—	+	+	—	+	+	—	+	—	—	+	+	—	—	+
10	+	—	—	—	—	+	—	—	+	—	—	+	+	—	+	—	—	+
11	—	—	+	—	+	—	+	—	—	+	—	—	—	—	—	—	+	—
12	+	—	—	+	+	—	—	+	—	—	+	—	—	+	+	—	—	—
13	—	+	+	—	+	+	+	—	—	+	—	—	+	—	—	+	—	—
14	+	—	+	+	—	—	+	+	—	—	—	+	+	+	+	+	+	—
15	—	+	+	+	+	—	+	—	+	—	—	+	+	—	+	—	+	+
16	+	—	—	+	—	+	+	—	—	+	+	+	+	—	—	+	—	+
17	+	—	+	—	—	—	+	—	+	—	+	+	+	—	+	+	—	+
18	+	—	+	—	—	—	+	—	—	—	—	—	+	—	+	—	—	+
24	+	+	+	—	—	—	+	+	—	+	—	—	+	—	+	—	—	—

IV

INSTRUCTION PRATIQUE.

Les chiffres de la première colonne du tableau théorique sont des numéros d'ordre de lois de succession d'écarts : les chiffres de la première ligne indiquent simplement le numéro d'ordre de chaque signe dans une même loi.

Considérant comme positives (+) les séries de neuf coups qui ont un excès de rouges (plus de quatre rouges) et négatives (—) celles qui ont un excès de noires, on pointe les trois premières séries de 9 coups *au commencement du jeu d'une journée.*

Les signes de ces 3 séries peuvent avoir les successions suivantes :

1° + + +	2° + + —	3° + — +	4° + — —
— — —	— — +	— + —	— + +

On cherche, dans le tableau théorique, les lignes qui ont leurs trois premiers signes identiques aux signes observés ou symétriques (1) à ces signes (car le tableau peut servir aussi, évidemment, par son symétrique) ; autrement dit, si les 3 successions observées ne se trouvent pas dans le tableau théorique, on utilise celui-ci en changeant tous les signes + en signes — et *vice versa.*

On trouve, dans le tableau théorique, les lignes de numéros

---

(1) On dit que le signe + est symétrique du signe —.

d'ordre suivants pour les différents cas qui peuvent se présenter :

Pour les successions :		On a les lignes :
1°	+ + + — — —	0 et 21.
2°	+ + + — — +	6, 8 et 11.
3°	+ — + — + —	2, 7, 14, 17 et 18.
4°	+ — — — + +	1, 3, 4, 5, 10, 12, 13, 15 et 16.

Ayant pointé les trois premières séries de neuf coups, l'on choisit une des lignes du tableau théorique qui a les trois premiers signes, identiques ou symétriques, dans le même ordre que celui donné par la roulette et l'on joue conformément au 4e signe du tableau ou, s'il y a lieu, de son symétrique, c'est-à-dire que l'on mise sur la rouge, si le signe est +, sur la noire si le signe est —, pendant les 9 coups suivants.

Pendant qu'on suit une de ces lignes, on pointe, sur le papier calque, toutes les autres lignes qui ont leurs 3 premiers signes identiques ou symétriques à ceux indiqués par la roulette. De cette façon, on a des chances de suivre une des lois de variation qui s'approchent le plus de celle suivie par la roulette, et, en cas de mauvaise chance, de pouvoir la remplacer immédiatement par une autre loi, plus concordante. On abandonne la ligne suivant laquelle on a joué si elle a trois séries successives discordantes avec le jeu et on la remplace par celle qui, parmi les lignes pointées, a le moins de discordances avec le jeu.

En cas d'égalité pour deux lignes du nombre de discordances, on choisit celle pour laquelle la dernière discordance est le plus près du point de départ.

Exemple :

Le 3 février 1905, on constate à la roulette la succession de signes suivants :

— — + — + — + — — + + — + — + — — —

Les lignes qui correspondent aux trois premiers de ces signes par des signes identiques ou symétriques sont 6, 8 et 11.

Je joue, par exemple, d'après 8, et j'obtiens trois discordances pour les 9me, 10me et 11me séries ; j'abandonne cette ligne et je prends la ligne 11 qui n'a, jusqu'à la 11me série, qu'une seule discordance.

Les avantages qu'il y a à suivre ces règles sont calculés, d'après des expériences faites sur un ensemble de près de 7000 coups, dans le chapitre V de ce travail (pages 29-35).

Si la marche du jeu est lente, le ponte peut considérer des séries de 7 coups seulement et, à la rigueur, de 5 coups.

N. B. — Il va sans dire que ces règles s'appliquent de la même manière au jeu de trente-et-quarante, où il n'y a que deux couples de chances simples (*rouge* et *noire*, *couleur* et *inverse*).

V

TABLEAU EMPIRIQUE I

donnant les sens des écarts entre la rouge et la noire à la roulette pendant les 15 premiers jours du mois de février 1905 pour des séries de 9 coups.

	1	2	3	4	5	6	7	8	9	10	11	12	13	14	15	16	17	18
1er février.	+	−	+	+	−	−	+	+	−	−	+	−	+	−	+	−	−	+
2 »	+	+	−	−	+	+	−	−	−	+	−	−	−	−	−	+	−	−
3 »	−	−	+	−	+	−	+	−	−	+	+	−	+	−	+	−	−	−
4 »	−	+	+	−	−	+	+	−	+	−	+	+	+	+	+	−	−	+
5 »	+	+	−	+	+	−	+	+	−	+	−	+	−	+	+	−	−	−
6 »	+	+	+	+	+	+	+	+	+	−	+	+	+	−	−	−	−	+
7 »	−	+	−	−	−	−	+	−	+	−	−	+	−	+	+	−	−	+
8 »	−	−	−	−	−	−	+	+	+	+	−	−	+	−	−	+	+	−
9 »	+	+	+	+	−	−	−	−	+	+	+	+	+	−	+	−	−	−
10 »	−	+	+	+	−	−	+	−	+	+	−	+	−	−	−	−	−	−
11 »	+	+	−	−	+	+	−	−	+	−	+	+	−	−	+	+	−	−
12 »	−	+	−	−	+	+	−	−	−	−	+	+	+	+	+	+	+	+
13 »	−	−	−	+	+	−	+	−	−	+	−	+	+	−	−	+	+	−
14 »	+	−	−	−	−	−	+	−	+	+	+	+	+	−	+	+	−	+
15 »	+	+	−	+	+	+	+	−	+	−	−	+	+	−	+	−	−	−

VI

TABLEAU DES DISCORDANCES DU TABLEAU THÉORIQUE AVEC LE TABLEAU EMPIRIQUE I.

DATE DU JEU	Nos d'ordre des lignes du Tableau Théorique	NUMÉROS D'ORDRE DES COLONNES DES TABLEAUX THÉORIQUE ET EMPIRIQUE																	
		1	2	3	4	5	6	7	8	9	10	11	12	13	14	15	16	17	18
1er février.	2	...	...	...	...	...	●	●	...	...	...	●	●	●	...	...	●	...	●
"	7	...	...	...	●	●	...	...	●	...	...	●	...	...	...	...	●	...	●
"	14	...	...	...	...	...	...	...	...	...	...	●	●	...	●	...	●	●	●
"	17	...	...	...	...	...	...	...	●	●	...	...	●	...	...	...	●	...	...
"	18	...	...	...	●	...	...	...	●	...	...	●	...	...	...	...	...	...	...
2 février.	6	...	...	...	...	●	●	...	●	●	●	...	...	...	...	●	●	...	...
"	8	...	...	...	●	●	...	●	●	...	●	●	...	...	...	●	...	...	...
"	11	...	...	...	●	●	...	...	●	●	●	●	●	●	●	●	...	...	●
3 février.	6	...	...	...	●	...	●	...	...	...	...	...	●	...	●	●	●	●	●
"	8	...	...	...	...	...	...	●	...	●	●	●	●	...	...	...	●	●	●
"	11	...	...	...	...	...	...	...	...	...	...	●	...	●	...	●	...	●	...
4 février.	1	...	...	...	●	...	...	●	●	...	...	...	●	...	●	...	...	●	...
"	3	...	...	...	...	●	●	●	...	●	●	●	...	●	...	●	●	...	●
"	4	...	...	...	●	...	●	●	●	●	...	...	●	...	...	...	●	...	...
"	5	...	...	...	...	...	...	●	●	●	●	●	●	...	●	●	●	...	●
"	10	...	...	...	●	●	●	...	●	●	●	...	●	●	...	●	●	●	●
"	12	...	...	...	...	...	...	...	...	...	●	●	...	...	●	●	●	●	...
"	13	...	...	...	...	●	...	...	●	●	●	●	...	...	●	●	●	...	●
"	15	...	...	...	●	●	●	...	...	...	...	●	...	...	●	...	...	●	...
"	16	...	...	...	●	●	●	●	●	...	...	●	●	●	...	...	...	●	●
5 février.	6	...	...	...	●	●	...	●	...	●	●	...	●	...	●	...	...	...	...
"	8	...	...	...	...	●	●	...	...	...	●	●	●	...	...	●	●	...	...
"	11	...	...	...	...	●	●	●	...	●	●	●	...	...	●	●	●	...	●
6 février.	0	...	...	...	●	...	...	●	...	...	...	...	●	●	●	●	...	...	...
7 février.	2	...	...	...	...	●	...	...	...	...	●	●	●	●	...	●	...	●	...
"	7	...	...	...	●	...	●	●	●	...	●	●	●	...	...	●	...	●	...
"	14	...	...	...	...	●	●	●	...	...	●	●	●	...	●	●	...	...	...
"	17	...	...	...	●	●	●	●	●	●	●	...	●	...	●	●	...	●	●
"	18	...	...	...	●	●	●	●	●	...	●	●	...	...	...	●	●	●	●

DATE DU JEU	Nos d'ordre des lignes du Tableau Théorique	NUMÉROS D'ORDRE DES COLONNES DES TABLEAUX THÉORIQUE ET EMPIRIQUE																	
		1	2	3	4	5	6	7	8	9	10	11	12	13	14	15	16	17	18
8 février.	0	...	...	...	●	...	...	...	●	●	...	...	●	...	...	...	...	...	...
9 février.	0	...	...	...	...	...	●	●	●	●	...	●	...	...	●	●	●	...	●
10 février.	1	...	...	...	...	...	●	●	●	...	●	●	●	●	...	●	...	●	●
»	3	...	...	...	●	●	...	●	...	●	...	...	...	...	●	...	●	...	...
»	4	...	...	...	...	...	●	●	●	●	...	●	...	...	●	●	●	...	●
»	5	...	...	...	●	...	●	●	●	●	...	...	●	●	...	...	●	...	...
»	10	...	...	...	...	●	...	...	●	●	...	●	●	...	●	...	●	●	...
»	12	...	...	...	●	...	●	...	...	...	...	...	...	●	...	...	●	●	●
»	13	...	...	...	●	●	●	...	...	●	●	...	●	...	●	...	●	...	...
»	15	...	...	...	...	●	...	...	...	...	●	...	...	●	...	●	...	●	●
»	16	...	...	...	●	●	...	●	●	...	●	...	●	...	●	●	...	●	...
11 février.	6	...	...	...	...	●	●	...	●	...	...	●	●	...	...	...	...	...	...
»	8	...	...	...	●	●	...	●	●	●	...	...	●	...	●	●	...	...	...
»	11	...	...	...	●	●	...	...	●	...	...	...	...	●	●	...	...	...	●
12 février.	2	...	...	...	...	...	●	●	...	●	●	...	●	...	...	●	●	...	...
»	7	...	...	...	●	●	...	...	●	●	●	...	...	●	...	●	●	...	...
»	14	...	...	...	...	...	...	...	...	●	●	...	●	●	●	●	●	●	...
»	17	...	...	...	●	...	...	...	●	...	...	●	●	●	...	●	●	...	●
»	18	...	...	...	●	...	...	...	●	●	●	...	...	...	●	...	...	...	●
13 février.	0	...	...	...	...	●	...	...	...	...	...	...	...	...	...	...	...	...	...
14 février.	1	...	...	...	...	●	...	...	...	●	...	●	...	●	●	●	...	...	●
»	3	...	...	...	●	...	●	...	●	...	●	...	●	...	...	...	●	●	...
»	4	...	...	...	...	●	...	...	...	...	●	●	●	...	...	●	●	●	●
»	5	...	...	...	●	●	...	...	...	...	●	...	...	●	●	...	●	●	...
»	10	...	...	...	...	...	●	●	...	...	●	●	...	...	...	...	●	...	...
»	12	...	...	...	...	...	●	...	...	...	...	●	...	...	...	●	...	●	...
»	13	...	...	...	●	...	...	●	●	...	●	...	...	●	●	...	●	●	...
»	15	...	...	...	...	...	●	●	●	●	...	...	●	●	●	●	...	...	●
»	16	...	...	...	●	...	●	...	...	●	...	...	...	...	...	●	...	...	...
15 février.	6	...	...	...	●	●	●	●	●	...	...	...	●	●	...	...	...	...	...
»	8	...	...	...	...	●	...	●	●	●	...	●	●	●	●	●	●	...	...
»	11	...	...	...	...	●	...	●	●	...	...	●	...	...	●	...	●	...	●

EXEMPLE : Le 1er février, le minimum de discordances est, pour la ligne 18 du tableau théorique, égal à 3; le maximum de discordances, égal à 0, est obtenu en suivant la ligne 2 jusqu'à la colonne 13 et de là la ligne 14 jusqu'à la fin; le nombre moyen de discordances, égal à 5,6, est obtenu en additionnant les nombres 9 + 6 + 6 + 4 + 3 = 28 et divisant par 5. J'écris 6 après 9 parce que la ligne 7 a 6 discordances, puis 6, parce que la ligne 14 en a également 6, etc.

VII

TABLEAU EMPIRIQUE II

donnant les sens des écarts entre la rouge et la noire à la roulette pendant les 18 premiers jours du mois de décembre 1906 pour des séries de 9 coups.

	1	2	3	4	5	6	7	8	9	10	11	12	13	14	15	16	17	18
1er décembre.	—	+	+	+	—	+	+	+	—	—	—	—	—	+	—	—	—	+
2 »	+	—	—	—	+	—	+	—	—	—	+	+	+	+	—	—	+	—
3 »	—	+	—	+	—	—	—	+	+	—	—	—	—	+	—	—	—	+
4 »	+	+	—	—	—	+	—	+	—	+	+	—	+	—	—	—	—	+
5 »	—	—	—	—	+	—	+	+	—	—	+	—	+	—	—	+	—	+
6 »	—	+	—	—	—	+	—	—	—	+	—	+	—	+	—	—	+	+
7 »	+	—	+	+	+	—	+	+	+	—	—	+	+	+	—	—	—	—
8 »	+	+	—	—	—	—	—	+	—	—	+	+	+	+	—	+	+	—
9 »	—	+	+	—	—	—	+	—	—	+	—	+	—	—	—	+	+	—
10 »	—	—	+	—	+	+	+	—	—	+	+	—	+	—	—	—	+	+
11 »	+	—	+	—	+	+	+	—	—	+	+	+	—	+	—	+	—	+
12 »	—	—	+	—	—	+	+	—	—	+	—	+	—	+	+	+	+	—
13 »	+	—	+	+	+	+	—	+	+	—	+	+	—	+	+	—	—	—
14 »	—	+	—	+	—	+	+	+	—	+	+	+	—	—	—	—	—	—
15 »	—	—	+	—	—	+	+	—	—	+	—	—	—	—	—	+	+	+
16 »	—	+	—	—	+	—	—	+	—	+	+	+	+	+	—	+	—	—
17 »	—	—	+	+	—	—	+	—	+	—	+	—	+	+	+	—	+	+
18 »	—	+	—	—	—	+	+	—	—	—	—	+	+	—	+	—	+	+

VIII

TABLEAU EMPIRIQUE III

donnant les sens des écarts entre la rouge et la noire à la roulette pendant les 18 premiers jours du mois de mars 1907 pour des séries de 9 coups.

	1	2	3	4	5	6	7	8	9	10	11	12	13	14	15	16	17	18
1er mars.	+	+	+	+	−	−	+	+	−	−	−	+	−	+	+	+	+	−
2 »	−	−	−	+	−	−	−	+	−	+	+	+	+	+	−	+	−	+
3 »	−	−	−	−	+	+	−	+	−	+	−	+	+	−	+	+	+	+
4 »	+	+	+	+	−	−	+	+	−	+	+	+	−	+	+	+	+	+
5 »	−	−	−	−	+	+	−	−	−	+	−	−	+	+	−	−	+	−
6 »	−	−	−	+	−	−	−	+	+	−	+	−	−	+	−	−	−	+
7 » (1)	−	+	−	+	−	+	−	−	+	+	+	+	+	−	+	+	+	+
8 »	−	+	−	+	−	−	−	−	−	+	+	+	−	+	−	−	+	+
9 »	+	+	+	+	+	−	+	−	−	−	+	−	+	−	+	+	+	−
10 »	+	+	−	+	+	−	−	+	+	−	+	−	−	−	−	+	+	−
11 »	−	−	+	+	−	+	−	+	+	−	+	−	+	+	+	−	+	+
12 »	−	+	+	+	+	−	−	+	+	+	−	−	−	+	+	−	+	−
13 »	−	+	−	−	−	−	−	+	+	−	+	−	−	−	+	+	−	+
14 »	−	+	+	+	+	−	+	−	−	−	+	+	−	−	−	−	+	−
15 »	−	+	−	+	−	−	+	+	+	+	−	−	−	−	−	−	−	−
16 »	−	−	−	−	+	+	+	−	−	+	−	−	+	−	−	+	+	−
17 »	+	−	−	+	−	+	−	−	+	−	−	−	+	−	−	−	+	−
18 »	−	+	+	−	−	+	+	+	+	−	−	−	−	+	−	+	+	+

(1) Remarquable périodicité le 7 mars 1907 : 34,4,28, 31; 34,4,28,31; 34,4.

IX

TABLEAU EMPIRIQUE IV

construit d'après les données de Martin Gall.

	1	2	3	4	5	6	7	8	9	10	11	12	13	14	15	16	17	18
I.	+	+	−	−	−	+	−	+	−	−	+	+	+	−	+	+	−	−
II.	+	+	+	+	−	−	+	−	+	−	−	−	−	−	−	−	+	−
III.	+	+	+	−	+	−	−	+	−	+	−	−	−	+	−	+	+	−
IV.	+	+	−	−	+	+	−	−	−	+	−	−	−	−	+	+	−	−
V.	−	−	+	−	−	+	−	−	+	−	−	−	+	+	+	−	+	−
VI.	+	+	+	+	+	+	−	+	−	+	−	−	−	+	−	−	−	−
VII.	−	−	−	−	−	+	+	−	+	−	−	+	+	−	−	−	+	−
VIII.	−	+	−	−	−	−	−	+	−	−	−	−	−	−	+	+	−	+
IX.	+	+	−	−	−	−	+	+	−	+	−	+	+	+	−	−	+	+
X.	−	+	−	−	+	+	−	−	+	−	+	+	−	−	+	−	+	−
XI.	−	−	+	+	−	+	+	−	−	+	+	+	+	+	−	+	−	+
XII.	+	+	−	−	+	+	−	+	−	−	−	−	−	+	−	−	−	−
XIII.	−	−	−	−	+	+	−	+	−	+	+	+	−	+	−	+	+	+
XIV.	−	+	−	+	+	−	+		−	+	−	+	−	−	+	+	+	−
XV.	+	+	+	+	−	−	−	−	−	+	+	+	−	−	−	+	−	+
XVI.	+	+	+	+	+	+	+	−	−	−	−	+	+	−	−	−	−	

X

TABLEAU EMPIRIQUE V

construit d'après les données de la *Gazelle rose.*

	1	2	3	4	5	6	7	8	9	10	11	12	13	14	15	16	17	18
Dim. 12 nov. I.	−	−	+	−	−	+	+	−	−	−	+	−	+	+	+	−	+	+
II.	−	+	+	+	−	−	−	−	−	+	+	+	+	+	+	−	+	−
III.	+	+	+	−	+	+	−	−	+	−	−	−	+	+	+	−	+	−
IV.	+	−	+	−	−	−	+	−	+	+	+	−	−	+	−	+	−	+
V.	−	+	+	−	+	−	−	+	+	+	+	−	−	−	+	+	−	−
VI.	+	−	−	+	−	+	+	−	−	+	−	+	+	−	−	+	−	+
VII.	−	+	−	+	−	−	−	−	+	+	−	+	+	−	−	−	+	−
VIII.	−	+	−	−	−	−	+	+	+	+	−	−	+	−	+	+	−	+
IX.	−	+	−	+	+	−	+	+	+	+	+	−	−	+	−	+	+	+
X.	+	+	+	−	+	−	+	−	−	−	−	+	−	+	−	+	−	+
XI.	+	+	+	−	−	+	+	−	−	+	+	+	−	−	+	+	+	−
XII.	+	−	+	+	−	+	+	−	+	−	+	−	+	+	+	−	−	−
XIII.	−	+	+	+	+	+	−	−	−	+	−	−	+	+	−	−	−	+
XIV.	+	+	+	+	−	−	−	−	−	+	+	+	+	−	−	−	−	+
XV.	−	−	−	−	−	+	+	−	−	+	−	+	+	−	+	+	+	+
XVI.	−	−	+	−	−	−	−	−	−	+	−	−	+	+	−	−	−	+
XVII.	−	−	+	+	+	+	−	+	+	−	−	−	+	+	+	−	+	−
XVIII.	+	−	+	−	+	−	−	+	−	+	−	+	−	−	−	+	−	−

TABLE DES MATIÈRES.

Achevé d'imprimer
le
4 janvier 1908
par
N. Vandersypen
Rue de la Concorde, 18
Bruxelles.

www.ingramcontent.com/pod-product-compliance
Ingram Content Group UK Ltd.
Pitfield, Milton Keynes, MK11 3LW, UK
UKHW021005200726
13857UKWH00004B/1287

9 782012 891487